Nandani Singh
Preeti Tiwari
Seema Sonkar

Desnutrição materna e necessidades nutricionais com receitas fortificadas

Nandani Singh
Preeti Tiwari
Seema Sonkar

Desnutrição materna e necessidades nutricionais com receitas fortificadas

ScienciaScripts

Imprint
Any brand names and product names mentioned in this book are subject to trademark, brand or patent protection and are trademarks or registered trademarks of their respective holders. The use of brand names, product names, common names, trade names, product descriptions etc. even without a particular marking in this work is in no way to be construed to mean that such names may be regarded as unrestricted in respect of trademark and brand protection legislation and could thus be used by anyone.

Cover image: www.ingimage.com

This book is a translation from the original published under ISBN 978-3-330-34750-2.

Publisher:
Sciencia Scripts
is a trademark of
Dodo Books Indian Ocean Ltd. and OmniScriptum S.R.L publishing group

120 High Road, East Finchley, London, N2 9ED, United Kingdom
Str. Armeneasca 28/1, office 1, Chisinau MD-2012, Republic of Moldova, Europe
Printed at: see last page
ISBN: 978-620-8-02247-1

ÍNDICE

Agradecimentos especiais a

Mães **que** ***participaram.*** **na conclusão** ***do***

Meu Manuscrito.

-Nandani

Agradecimentos

Estou grato ao *"Lord Ganesha"* celestial *por* ter derramado a sua graça abundante, as suas bênçãos e o seu amor incondicional sobre mim durante todo o estudo.

Tenho o prazer de agradecer a todas as pessoas que me motivam e me apoiam em todas as fases.

Com imenso privilégio, aproveito esta oportunidade de ouro para exprimir a minha mais sincera veneração à *Guia e Presidente do meu Comité Consultivo, Dra. Seema Sonkar, Responsável pelo Departamento de Ciência Alimentar e Nutrição, Faculdade de Ciências Domésticas, Universidade C.S. Azad de Agricultura e Tecnologia, Kanpur, pela* sua inspiração constante, orientação nobre, interesse entusiástico, discussão cordial, zelo e encorajamento infindáveis durante todo o curso *desta* investigação.

1 Também agradeço sinceramente à *Dra. Poonam Singh, Reitora da Faculdade de Ciências Domésticas da Universidade C.S. Azad de Agricultura e Tecnologia, Kanpur, pelo* seu encorajamento constante, supervisão contínua, cooperação esplêndida, apoio moral, críticas construtivas, disponibilização de instalações e orientação durante todo o estudo.

1 expresso a minha gratidão do fundo do coração e vários agradecimentos de estima *aos membros do* meu *Comité Consultivo, Dr. Vinita Singh, Professor Assistente, Departamento de Ciência Alimentar e Nutrição, Faculdade de Ciências Domésticas, Dr. M.P.S.Yadav &*

Dr. Ramji Gupta, Professor Assistente, Department of Animal Husbandry & Dairying e Dr. Aryani Kumar Singh, Professor Assistente, Department of AgriculUral Economics and Statistics, C.S.Azad University of Agriculture and Technology, Kanpur, pelo seu interesse constante, discussão agradável e conselhos valiosos que ajudaram a valorizar este manuscrito.

Do fundo *do* meu coração, palavras incontáveis, veneração cordial e gratidão são dedicadas aos *pés* piedosos *dos meus avós e do meu avô Dr. Ram Awadh Singh (Nanay), ex-funcionário administrativo da Universidade C.S Azad de Agricultura e Tecnologia, Kanpur e Shri Dashartha Singh, professor aposentado (Dadaji)* e das *minhas adoráveis avós SmtHansa Devi (Naniji) e Smt.*

É uma oportunidade de ouro e um privilégio orgulhoso expressar a minha melhor consideração, profundo sentido de respeito e humilde gratidão ao *meu venerável pai Dr. NB Singh e* à *minha adorável mãe, Sra. Ariju Singh*, que demonstraram uma enorme força, *muitas* bênçãos, coragem e perseverança para me ajudarem a concluir os meus estudos superiores.

Expresso o meu profundo amor e afeto ao meu adorável e maroto cãozinho ***"SHERU"***, que sempre me provocou, mas que já faleceu e permanece sempre em mim como o meu coração a bater.

Não cumpro o meu dever se não exprimir adequadamente os meus sentimentos de gratidão para com *o meu irmão Mansh Bhaiya, Anjali e o meu irmão mais novo, maroto e querido.*

Amit e. My Best Mamaji Mr.Ajay Kumar Singh, pelo seu *amor* incondicional, votos de felicidades, esforços *efusivos*, apoio e encorajamento contínuos, sem a sua bênção, inspiração e coragem, isto nunca teria sido possível.

Expresso os meus cumprimentos a todos os meus primos, *Rashmi, Rishabh, Anchal, Kajal, Choti, Ankit, Mangal, Dev e Mansi*, pelos seus melhores votos e amor durante todo o meu estudo.

Os meus sinceros agradecimentos são também devidos à *minha Mami, Mausi-ji, Mausa-ji, Ch.acha-ji, Chachi-Jiandaloutros membros da família* ***pelas*** suas bênçãos e melhores desejos.

Estou extremamente grato aos *meus seniores Sukirti DiKirti Di, Nshtha Di, Richa DiDisha Di Sudha Di, Stuti Di e Bharat* Sir, *cujas* bênçãos se revelaram úteis para a realização do presente estudo.

Os meus agradecimentos vão também para a contribuição *das* minhas adoráveis alunas *Richa, Suman, Anshika, Sana, Ruchika, Amrita, Depti, Poonam, Parul Apporva, Harshitajyoti, Prerna e Soumya.*

O meu vocabulário não permite exprimir a minha dívida para com os meus amigos *Manoj, Surdeep, Prjll e Kapil*, *pela* sua atitude de ajuda e apoio moral durante todo o período de estudo.

Do cantinho mais especial do meu coração, gostaria de registar a minha dívida para com os meus amigos e expressar os meus agradecimentos a *Ekta, Anjali Bajpai, Chanu, Noopur, Anjali, Kopal, Reema, Neema, Anjali, Preet, Nasira, Richa, Komal, Shivani, Garima, Avantika, Babita, Preeti, Garima Diwakar, Sarika, Pratibha,*

Garima Singh, Swati, Anchal, Kalpna, Neelu e Alka pela sua atitude de ajuda atempada, entusiasmo, apoio moral e encorajamento, que permitiram a conclusão do meu estudo.

Aqui, gostaria de mencionar o nome *dos meus* amigos especiais *"Preeti- Deepika-Shaivya-Amit Upadhyay" pelo* seu amor incondicional e apoio fantástico. Acima de tudo, estou-lhes extremamente grata *por* me terem dado forças, coragem e *convicção para me encontrar* digna *de* completar esta tarefa venerável.

As palavras não conseguem exprimir os meus sentimentos profundos a *Quem,* que me deu força e coragem durante o meu período de estudo e dissertação.

Estou também grata ao *pessoal* docente e não docente *do* meu Departamento de Ciência Alimentar e Nutrição, Faculdade *de* Ciências Domésticas, Universidade C.S. Azad *de* Agricultura e Tecnologia, Kanpur, pelo seu apoio durante este período.

1 Gostaria de expressar os meus agradecimentos cordiais aos membros *do* pessoal *da Biblioteca Departamental, Faculdade de Ciências Domésticas, C.S. Azad. Universify of Agriculture and Technology, Kanpur.*

Estou muito grato aos membros *da CentralLibrary,C.S.Azad University Of Agriculture And Technology, Kanpur, por* terem fornecido material *para a* realização do estudo.

Não posso deixar de expressar a minha gratidão a todos os *docentes e não docentes. Não docentes Membros do pessoal da Faculdade de Ciências Domésticas da Universidade C.S.Azad de Agricultura e Tecnologia, Kanpur.*

Os meus agradecimentos cordiais aos *meus inquiridos* que participaram neste estudo, sem a sua participação, este nunca poderia ter sido realizado.

Estou também em dívida para com várias pessoas e gostaria de expressar a minha gratidão a todos os que me orientaram e aconselharam a dar forma a este trabalho. O seu precioso tempo, energia, experiência e sugestões foram uma fonte *de* inspiração e *de* sustento.

"As bênçãos tornaram o meu caminho mais fácil e mais suave"

Data:-
Local:- Kanpur, U.P.

(Nandani Singh)

ABREVIATURA

< - Less than

> - Greater than

% - Percent

µg - Micro-gram

cm- Centimeter

g - Gram

kg - Kilogram

kcal- Kilocalorie

m - Meter

mg -Mili-gram

SD - Standard deviation

AA - Arachiodonic acid

APH- Antepartum haemorrhage

BMI- Basal metabolic rate

CCF- Congestive cardiac failure

DHA - Docosahexaenoic acid

FAO- Food and Agriculture Organization

ICMR - Indian Council of medical Research

IU - International unit

MMR - Maternal Mortality Rate

NTD - Neural tube defects

RDA - Recommended dietary allowances

WHO - World Health Organization

1. INTRODUÇÃO

Capítulo 1

INTRODUÇÃO

"A saúde materna é a riqueza da nação. Só há uma oportunidade para o bem-estar do mundo quando a condição das mulheres melhorar. Não é possível que um pássaro voe apenas com uma asa."

Swami Vivekananda

Na epopeia indiana Mahabharata, uma mulher era sempre abençoada como "*sau putravati bhabah*" (sê a mãe de cem filhos), porque nessa altura o papel principal da mulher era o de ter filhos. A situação não mudou muito desde então, pois até à data, em muitas partes da Índia, sobretudo nas zonas rurais, o principal papel que lhe é atribuído é o de portadora de uma criança. Assim, a gravidez é um dos acontecimentos mais importantes na vida de uma mulher indiana.

A nutrição é uma combinação de processos através dos quais os organismos vivos recebem e utilizam os materiais necessários para manter a função, o crescimento e a renovação dos seus componentes. O objetivo da ciência da nutrição é determinar os tipos e a quantidade de alimentos que promovem a saúde e o bem-estar. A gravidez é um processo anabólico notável em que, a partir de alimentos, vitaminas, minerais e hormonas, nasce um bebé saudável no espaço de nove meses.

A Organização Mundial de Saúde definiu "saúde reprodutiva como uma condição em que a reprodução se realiza num estado de completo bem-estar físico, mental e social e não apenas como a ausência de doenças ou perturbações do processo reprodutivo".

Bennet R, Linda B (1993) afirmam que a gravidez é uma viagem longa e muito especial para uma mulher. É uma viagem de mudanças dramáticas a nível físico, psicológico e social, que consiste em tornar-se mãe, redefinir as relações familiares e assumir a responsabilidade a longo prazo de cuidar e acarinhar uma criança recém-nascida. Gerações de mulheres percorreram o mesmo caminho, mas cada viagem é única.

A mortalidade materna na Índia é um tema de grande preocupação. A taxa de mortalidade materna em Karnataka é de 460 por 100.000 nados vivos. As principais causas são a anemia, a pobreza, a ignorância, a subnutrição, as infecções recorrentes e as hemoglobinopatias. A hemorragia (25,6%) é a primeira causa de morte materna, seguida da septicemia (13%), da toxemia da gravidez (11,9%), dos abortos (8%) e da obstrução do parto (6,2%), enquanto as outras causas totalizam 35,3%.

A Organização Mundial de Saúde (1998) afirmou que a gravidez e o parto são acontecimentos especiais na vida das mulheres e, de facto, na vida das suas famílias. Pode ser um momento de grande esperança e de alegre expetativa. Também pode ser um momento de medo, sofrimento e até de morte. Embora a gravidez não seja uma doença, mas sim um processo fisiológico normal, está associada a certos riscos para a saúde e a sobrevivência, tanto para a mulher como para o bebé que carrega. Estes riscos estão presentes em todas as sociedades e em todos os contextos. Nos países desenvolvidos, estes riscos foram largamente ultrapassados, uma vez que todas as mulheres grávidas têm de adotar cuidados especiais durante a gravidez e o parto. Nos países em desenvolvimento, cada gravidez representa uma viagem ao desconhecido da qual muitas mulheres nunca regressam, devido à falta de cuidados.

A Organização Mundial de Saúde (1998) declarou que, a nível mundial, se registam 430 mortes maternas por cada 100 000 nados-vivos. Nos países em desenvolvimento, o número é de 480 mortes maternas por cada 100.000 nados vivos. Nos países desenvolvidos, há 27 mortes maternas por cada 100.000 nados-vivos.

A ação de saúde declarou que a maternidade segura é um estado de bem-estar em que uma mulher se aproxima do parto com confiança nas suas capacidades para dar à luz e cuidar do seu recém-nascido.

Embora a gravidez seja um fenómeno fisiológico natural, podem surgir complicações mesmo com os melhores cuidados pré-natais. Os sinais de perigo importantes durante a gravidez são as hemorragias, a perda de movimentos fetais, o fraco aumento de peso, a tensão arterial elevada, o inchaço da face, dos braços e das pernas, etc. É importante saber que a hemorragia é a causa mais comum de morte materna na Índia e pode causar a morte da mulher no espaço de 2 horas se não forem prestados cuidados imediatos.

A Política Nacional de População de 2000 e **a Política Nacional de Saúde de 2002** têm como objetivo reduzir a taxa de mortalidade materna para 100 por 100 000 nados-vivos, a partir do nível atual de 400 a 500.

De acordo com **Park K. Text Book of Preventive and Social Medicine (2002),** a Índia regista uma taxa de mortalidade materna muito elevada. Era de 20 por 1000 nascimentos e diminuiu para 10 por 1000 nados-vivos. Atualmente, a taxa de mortalidade materna na Índia é de 407 por 100 000 nados-vivos. Isto significa que mais de 100 000 mulheres morrem todos os anos devido a causas relacionadas com a gravidez. Esta situação deve-se principalmente ao grande número de partos realizados em casa por pessoas sem formação, à falta de instalações de referência adequadas para prestar cuidados obstétricos de emergência a casos complicados e contribui para uma elevada morbilidade e mortalidade maternas.

Gupta N (2004) referiu que a natureza concedeu à mulher a capacidade de gerar filhos, o processo que a torna mãe. Mas a parte mais triste é que este processo normal de procriação, que promove a vida, pode conduzir a uma situação tão negra como a morte. Pelo menos 40% de todas as mulheres grávidas terão algum tipo de complicação durante a gravidez. Para cerca de 15%, estas complicações são potencialmente fatais e requerem cuidados obstétricos imediatos. A morte materna também compromete a saúde e a sobrevivência dos bebés e das crianças que geraram. A morte de uma mulher durante a gravidez e o parto não é apenas um problema de saúde, mas também uma questão de injustiça social.

A nível mundial, as mulheres que morrem todos os anos devido à gravidez e ao parto são africanas (53%), enquanto as restantes são asiáticas (42%) e, em menor grau, latino-americanas (4%). Menos de 1% das mortes maternas ocorrem em países desenvolvidos. Estima-se que 99% das mortes maternas ocorram todos os anos nos países em desenvolvimento.

Cada Gravidez é uma experiência única para a mulher e cada Gravidez que a mulher experimenta será nova e singularmente diferente. A gravidez é uma viagem longa e muito especial para a mulher. É uma viagem de mudanças dramáticas a nível físico, psicológico e social para se tornar mãe do recém-nascido. A maior parte dos desconfortos sentidos durante a gravidez podem estar relacionados quer com as alterações hormonais quer com as alterações físicas relacionadas com o crescimento do feto

Figura 1.1:-Quadro concetual da nutrição materna

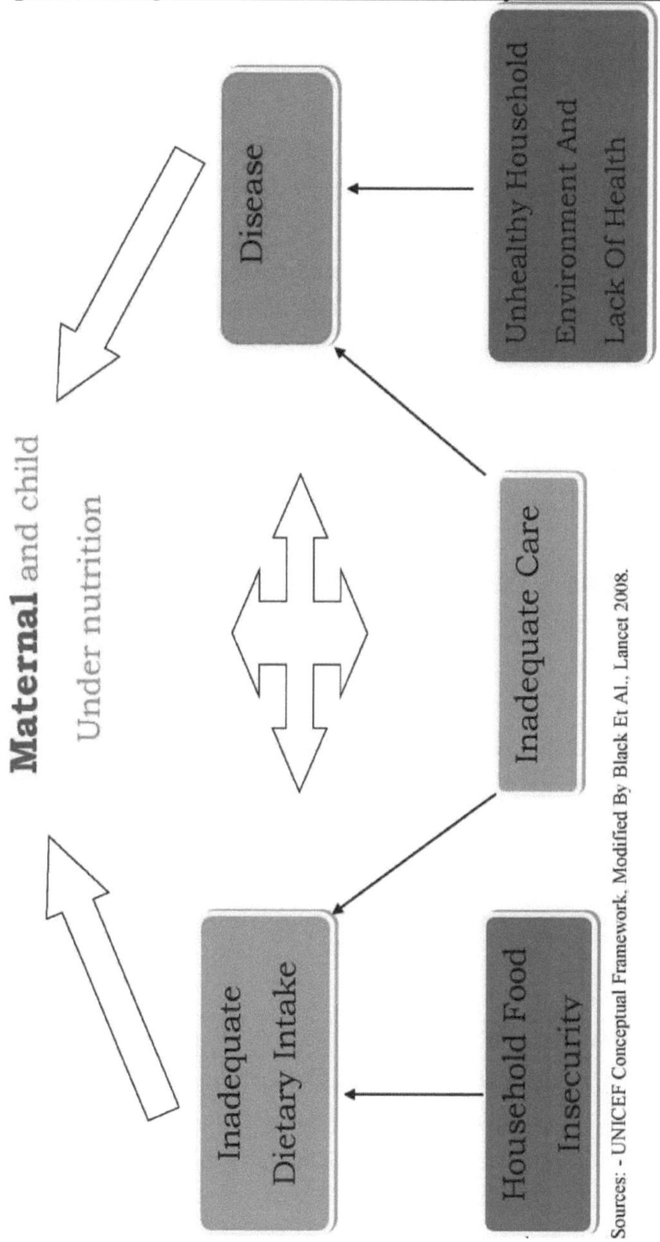

Sources: - UNICEF Conceptual Framework, Modified By Black Et Al., Lancet 2008.

Mathai M (2005) afirmou que, na Índia, a mortalidade materna se situa em 420 por 100 000 nados-vivos. A maioria das mortes maternas na Índia é causada por complicações como a hemorragia (29%), a anemia (19%), a sépsis (16%), a obstrução do trabalho de parto (10%), os abortos inseguros (9%) e (8%) as perturbações hipertensivas da gravidez. Todas estas situações são potencialmente evitáveis. A morte materna não é uma doença que possa ser prevenida com vacinas e não existe uma solução rápida para reduzir a mortalidade materna. A mortalidade materna é uma doença da pobreza, que afecta as mulheres e os seus filhos, limitada pelas fronteiras nacionais e de pouco interesse para todos os outros.

A **Organização Mundial de Saúde** estima que ocorram 150 milhões de gravidezes por ano.

1. Em todo o mundo, a cada minuto de cada dia, uma mulher morre de complicações relacionadas com a gravidez. Cerca de 600.000 mulheres morrem todos os anos; destas, 99% das mortes ocorrem nos países em desenvolvimento.
2. Por cada mulher que morre, 30 mulheres desenvolvem doenças e lesões ao longo da vida relacionadas com a gravidez e o parto.
3) Na Índia, de cinco em cinco minutos, uma mulher morre devido a complicações relacionadas com a gravidez e o parto. Isto perfaz um total de 1.21.000 mulheres por ano.
4. 15% das mulheres desenvolvem complicações com risco de vida.

A gravidez é um período criativo e produtivo na vida de uma mulher. É um dos acontecimentos vitais, que requer cuidados especiais desde a conceção até ao período pós-natal. Todas as mães querem gozar o período de nove meses com o bebé dentro de si; a experiência alegre da gravidez nem sempre é alegre. Por vezes, está associada a problemas de gravidade variável. As perturbações menores são um desses problemas, que causam desconforto às mães durante a gravidez. Embora essas perturbações sejam frequentemente designadas como perturbações menores, estão longe de ser menores para as mulheres que as sofrem.

A necessidade do estudo

Toda a vida humana no planeta nasce da mulher. A mulher é

uma pessoa importante para a sua família. É ela que alimenta o feto e dá à luz a criança. A saúde da mãe é uma componente terna e desejada dos cuidados totais e não pode ser negligenciada, porque se a mãe for saudável, os filhos serão saudáveis, o que, por sua vez, afectará a saúde nacional. Assim, a saúde mental, física e fisiológica afecta a saúde da família e da nação.

Na Índia, a maioria das mães são pobres e malnutridas. As taxas de mortalidade materna e infantil são elevadas (57 mortes infantis por 1000 nados vivos, UNICEF, Índia) em comparação com outros países em desenvolvimento. Tendo em conta este facto, é necessário melhorar a saúde das mães no período pré-natal para melhorar o seu estado de saúde.

Num estudo sobre os resultados maternos e perinatais em casos de anemia moderada e grave, concluiu-se que a anemia na gravidez era uma das principais causas responsáveis pela morbilidade e mortalidade materna e perinatal. É responsável por 20% das causas diretas e 20% das causas indirectas de mortalidade materna. Os factores nutricionais foram considerados a causa em quase 70% dos casos. Todos estes aspectos realçaram a necessidade de uma intervenção educativa sobre a dieta perinatal entre as mães pré-natais.

As taxas de mortalidade materna e infantil serão reduzidas através da melhoria do rendimento, da alimentação, das condições sanitárias e do estado nutricional e, consequentemente, da saúde e da nutrição das mães e dos bebés nos países em desenvolvimento.

A importância de uma boa nutrição durante o período pré-natal na prevenção da mortalidade e morbilidade maternas, e os estudos acima referidos despertaram o interesse do investigador para realizar o estudo sobre os conhecimentos das mães pré-natais relativamente à nutrição, aos nutrientes e à dieta pré-natal.

Os objectivos do estudo foram definidos com base na definição dos problemas.

Exposição dos problemas

"Desnutrição materna e necessidades nutricionais com receitas fortificadas"

Objetivo do estudo

- Desenvolver o produto.
- Avaliar a consciência nutricional da mulher grávida.
- Avaliar o estado nutricional da mulher grávida.
- Elaborar o folheto educativo de autocuidado para a mulher grávida

2. REVISÃO DA LITERATURA

Capítulo 2

REVISÃO DA LITERATURA

"A maternidade está no centro da saúde reprodutiva das mulheres."

Foi efectuada uma revisão da literatura de investigação e não-investigação relevante para o estudo, o que ajudou o investigador a desenvolver uma visão mais profunda do problema e a obter informações sobre o que foi feito no passado.

A revisão da literatura é uma etapa essencial do projeto de investigação. Fornece uma base para a investigação futura, justifica a necessidade do estudo e lança luz sobre a viabilidade do estudo. Revela as limitações da recolha de dados e relaciona as conclusões de um estudo com outro, na esperança de estabelecer um estudo exaustivo do conhecimento científico numa disciplina profissional a partir do qual possam ser desenvolvidas teorias válidas e pertinentes.

Polit, Hungler (1999) afirmou que a revisão da literatura é uma identificação sistemática, localização, análise e resumo de materiais escritos que contêm informações sobre problemas de investigação.

No presente estudo, a revisão da literatura é organizada e apresentada sob os seguintes títulos

1. Revisão da literatura relacionada com a mortalidade materna no mundo

2. Revisão da literatura relacionada com a mortalidade materna na Índia

3. Revisão da literatura relacionada com os sinais de alerta na gravidez

3.1. Náuseas e vómitos

3.2. Febre alta

3.3. Prisão de ventre

3.4. Inchaço

3.5. Dores de cabeça e cãibras nas pernas

3.6. Fadiga e queimadura cardíaca

3.7. Dor nas costas

3.8. Hemorragia vaginal grave

3.9. Rutura prematura da membrana

3.10. Palidez (anemia)

4. Revisão da literatura relacionada com o ganho de peso durante a gravidez

5. Revisão da literatura relacionada com as necessidades nutricionais durante a gravidez

5.1. Necessidade de energia

5.2. Necessidades em hidratos de carbono e gorduras

5.3. Necessidades em proteínas

5.4. Necessidade de vitaminas

5.5. Necessidade de minerais

5.6. Necessidade de fibra

A morte materna é definida como "a morte de uma mulher durante a gravidez ou no prazo de 42 dias após a interrupção da gravidez, independentemente da duração e do local da gravidez, por qualquer causa relacionada com ou agravada pela gravidez ou pela sua gestão, mas não por causas acidentais ou incidentais".

A ***taxa de mortalidade materna (TMM)*** é o número anual de mortes de mulheres por 100 000 nados-vivos, por qualquer causa relacionada com ou agravada pela gravidez ou pela sua gestão, mas não por causas acidentais ou incidentais. A TMM inclui os óbitos ocorridos durante a gravidez, o parto ou nos 42 dias seguintes à interrupção da gravidez, independentemente da duração e do local da gravidez, num ano específico.

1. Revisão da literatura relacionada com a mortalidade materna no mundo

Prual A, Bouvier, Bernis, Breart (2000) realizaram um estudo prospetivo sobre as causas diretas, a incidência e as taxas de fatalidade em relação à morbilidade materna. O estudo revelou que as causas diretas de morbilidade materna grave foram a hemorragia (3,05 por 100 nados-vivos), a obstrução do trabalho de parto (2,05 por 100), 23 casos dos quais envolveram rutura uterina (0,12 por 100). As outras causas obstétricas diretas representaram 12,2% dos casos. As taxas de mortalidade foram muito elevadas para a sépsis (33,3%), a rutura uterina (30,4%) e a eclâmpsia (18,4%); a hemorragia variou entre 1,9% para a hemorragia anteparto e 3,7% para o descolamento da placenta. Assim, pelo menos 3-9% das mulheres grávidas necessitaram de cuidados obstétricos essenciais. As elevadas taxas de mortalidade materna de várias complicações reflectem uma má qualidade dos cuidados obstétricos.

Figura 2.1:- Causas de morte materna a nível mundial

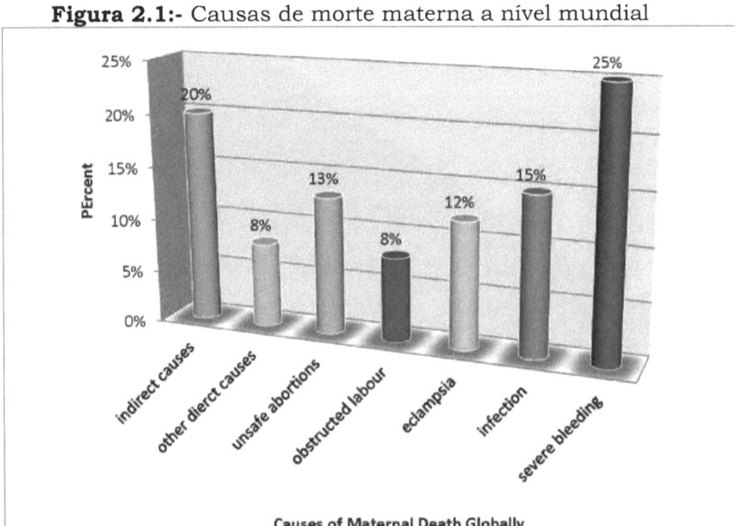

(Fonte:- **Gupta, N.** Maternal Mortality: magnitude, causes and concerns. Journal of obstetrics & Gynaec today: setembro de 2004; 9: 555-8).

Segundo a **Organização Mundial de Saúde**, das mulheres que morrem todos os anos devido à gravidez ou ao parto, 53% são africanas, as restantes são asiáticas (42%) e, em menor escala, latino-americanas (4%). Menos de 1% das mortes maternas ocorrem em países desenvolvidos.

Gupta, N., (2004) afirmou que, a nível mundial, existem cinco causas obstétricas diretas que conduzem a quatro quintos das mortes maternas. Estas causas são evitáveis e controláveis. As causas diretas são as hemorragias graves (81%), a sépsis (15%), os abortos inseguros (13%), a eclâmpsia (12%) e a obstrução do parto (8%). Outras causas diretas (8%) são a gravidez ectópica e a embolia. As causas indirectas (19%) são a malária, a anemia e as doenças cardíacas.

A elevada mortalidade materna é um dos maiores problemas de saúde pública na região do Sudeste Asiático. Calcula-se que, todos os anos, cerca de 6.000 (99%) mortes maternas ocorrem nos países em desenvolvimento. Só a região do Sudeste Asiático contribui com 40% do total mundial. A Índia ocupa uma posição muito elevada na lista dos países com elevada mortalidade materna, com 420 mortes por 100 000 nados-vivos.

A nível mundial, estima-se que 287 000 mulheres tenham morrido durante a gravidez e o parto em 2010, o que representa um declínio de 47% em relação aos níveis registados em 1990, sendo a África Subsariana e a Ásia Austral responsáveis por 85% dessas mortes maternas.

A taxa global de mortalidade materna (MMR) em 2010 foi de 210 mortes maternas por 100.000 nados-vivos, contra 400 mortes maternas por 100.000 nados-vivos em 1990.

2. Revisão da literatura relacionada com a mortalidade materna na Índia

Khan (1997) realizou um estudo sobre os cuidados pré-natais nos bairros de lata de Punjab e revelou que a falta de conhecimentos e a ignorância relativamente à saúde pré-natal é um dos factores sociais que contribuem para a mortalidade materna.

Alok Ranjan (1998) efectuou um estudo sobre a mortalidade materna em Madhya Pradesh e revelou que havia um certo número de distritos no estado onde o risco de morte materna permanece extraordinariamente elevado e concluiu que são necessários esforços especiais para reduzir o risco de morte materna devido a complicações da gravidez e do parto nos distritos.

A Política Nacional de População (2000) fixou catorze objectivos sociodemográficos para 2010, que incluem: reduzir a taxa de mortalidade infantil para 30 por 1000 nados-vivos e a taxa de mortalidade materna para 100 por 100 000 nados-vivos.

O Inquérito Nacional de Saúde Familiar 1 e 2 (2000) estimou que a taxa de mortalidade materna rural é muito mais elevada do que a taxa de mortalidade materna urbana entre estes anos.

Swarna, S. (2004), realizou um estudo descritivo para conhecer a morbilidade materna entre 40 mulheres selecionadas em Hyderabad. Os resultados do estudo revelaram que 67,5% das mulheres sofreram de problemas relacionados com a gravidez durante o período pré-natal. A pré-eclampsia foi o principal fator de morbilidade.

Globalmente, em 2008, registaram-se cerca de 358 000 mortes maternas, 99% das quais ocorreram em países com baixos rendimentos. A taxa de mortalidade materna (MMR) na Índia foi estimada em 230 mortes maternas por 100 000 nados-vivos, o que corresponde a cerca de 63 000 mortes ou cerca de 18% do total mundial.

Algumas das principais razões subjacentes à elevada RMM no Estado são os baixos níveis de literacia da população, o terreno geográfico difícil em algumas partes do Estado, a disponibilidade inadequada e os níveis mais baixos de utilização dos serviços de cuidados obstétricos de emergência, bem como os níveis mais baixos de utilização dos cuidados pré-natais, do parto seguro e dos serviços de cuidados pós-natais. A disponibilidade inadequada de infra-estruturas e recursos de saúde, juntamente com a enorme desigualdade económica, as disparidades de género, as normas sociais e as atitudes da comunidade e dos prestadores de serviços podem estar relacionadas com os baixos níveis de utilização dos serviços de saúde no Estado. Em 2011, as taxas de alfabetização no Estado eram de 80,5% para os homens e 60% para as mulheres, respetivamente. O governo estadual estabeleceu um objetivo ambicioso de reduzir a RMM para 220 por 100 000 nados-vivos até 2012. Para atingir este objetivo, o governo estadual está a concentrar-se no aumento da utilização dos serviços de cuidados de saúde materna, incluindo os partos institucionais, a assistência qualificada ao parto e o reforço dos serviços de cuidados obstétricos de emergência.

No ano de 2009, a taxa de mortalidade materna (MMR) na Índia foi de 212 mortes maternas por cada 100 000 nados-vivos. O estado indiano de Madhya Pradesh, com 269 mortes maternas por cada 100 000 nados-vivos, estava entre os estados com maior RMM no país.

3. Revisão da literatura relacionada com os sinais de alerta durante a gravidez

Cada Gravidez é uma experiência única para a mulher e cada Gravidez que a mulher experimenta será nova e singularmente diferente. A gravidez é uma viagem longa e muito especial para a mulher. É uma viagem de mudanças dramáticas a nível físico, psicológico e social para se tornar mãe do recém-nascido. A maior parte dos desconfortos sentidos durante a gravidez podem estar relacionados quer com as alterações hormonais quer com as alterações físicas relacionadas com o crescimento do feto.

A gravidez é um período criativo e produtivo na vida de uma mulher. É um dos acontecimentos vitais, que requer cuidados especiais desde a conceção até ao período pós-natal. Todas as mães querem gozar o período de nove meses com o bebé dentro de si; a experiência alegre da gravidez nem sempre é alegre. Por vezes, está associada a problemas de gravidade variável. As perturbações menores são um desses problemas, que causam desconforto às mães durante a gravidez. Embora essas perturbações sejam frequentemente designadas como perturbações menores, estão longe de ser menores para as mulheres que as sofrem.

Arthur, T., et al. (2007) revelaram que as perturbações menores podem ocorrer devido a alterações hormonais, alterações de acomodação, alterações metabólicas e alterações posturais. Todos os sistemas do corpo são afectados pela gravidez. A mãe precisa de conhecimentos para lidar com a experiência da gravidez. Ela também precisa de conhecimentos quando apresenta sintomas desconfortáveis ou preocupantes.

Os distúrbios menores são comuns durante a gravidez e podem levar a complicações graves, como os enjoos matinais que evoluem para a hiperémese gravídica, uma condição que começa como um distúrbio menor e se torna uma anomalia potencialmente fatal. Por isso, é importante que a mãe esteja o mais alerta possível para qualquer complicação e que seja encaminhada, para isso deve educar sempre que as alterações da gravidez sejam compreendidas e seja mais fácil de tolerar e evitar ansiedade desnecessária.

Muitos dos problemas menores da gravidez podem ser tratados em casa. As medidas de tratamento caseiro são geralmente suficientes para aliviar os enjoos matinais ligeiros ou o desconforto causado pela azia ou pela obstipação. Existem também medidas de tratamento caseiro para problemas de sono, dores nas ancas, hemorróidas ou fadiga. Durante a gravidez, a mãe pode também ter outros problemas comuns, como uma constipação ou gripe, que não são causados pela gravidez. A mãe pode recorrer a tratamentos caseiros para estas doenças.

Foi efectuado um estudo descritivo para determinar a cobertura dos serviços de cuidados maternos no estado de Bengala Ocidental, na Índia, no ano de 2001. Observou-se que as mães que efectuaram três ou mais exames pré-natais variaram entre 54% e 82%.

3.1. Náuseas e vómitos durante a gravidez

Gadsby, R., (1994) realizou um estudo prospetivo com 363 mulheres grávidas e concluiu que 20% não apresentavam sintomas de náuseas e vómitos, 28% sentiam-se apenas enjoadas e 52% sentiam-se enjoadas e vomitavam. Os sintomas atingem o seu pico por volta da nona semana de gravidez e, frequentemente, param subitamente por volta da 14ª semana. Dois terços das mulheres podem ter sintomas semelhantes em gravidezes sucessivas.

Huxley (2000), no seu estudo sobre náuseas e vómitos no início da gravidez e o seu papel no desenvolvimento da placenta, concluiu que pode haver uma relação positiva entre os enjoos matinais e o índice de massa corporal proconcepcional, de tal forma que as mulheres com peso a menos terão sintomas menos graves de enjoos matinais em comparação com as mulheres com índices de massa corporal proconcepcionais normais.

Lacroix, R., Eason, E., Melzack, R., (2000), no seu estudo prospetivo sobre náuseas e vómitos, sua frequência, intensidade e padrões de alteração durante a gravidez, revelaram que 74% das mulheres referiram náuseas. Os enjoos matinais ocorreram em apenas 1,8% das mulheres, enquanto 80% referiram náuseas que duraram todo o dia. Apenas 50% das mulheres sentiam alívio até às 14 semanas de gestação; 90% sentiam alívio até à 22ª semana.

Beverley, Marilyn, E., White, E., (2002), no seu estudo sobre o isolamento em relação ao "estar vivo", ao lidar com as náuseas e os vómitos graves da gravidez, revelaram que o aumento do isolamento estava associado a náuseas incessantes, vómitos incessantes e vómitos.

Schroder, O., Stein, J., (2002), no seu estudo sobre vómitos na gravidez, concluíram que os anti-histamínicos são seguros e eficazes para o tratamento de náuseas e vómitos na gravidez e que a metaclopromida possui um elevado perfil de eficácia e segurança.

Quinla, J.D., Hill, D.A. (2003), no seu estudo sobre náuseas e vómitos da gravidez, revelaram que o helicobacter pylori é uma das causas possíveis e que a hiperemese gravídica tem implicações negativas para a saúde materna e fetal.

Algumas autoridades consideram que os enjoos matinais são uma forma menor da toxemia da gravidez, e que a razão pela qual não são tão comuns nas multíparas é o facto de se terem tornado imunes à sua primeira gravidez. Se a doente vomitar alimentos repetidamente, o caso torna-se um dos vómitos neuróticos ou hiperemese gravídica.

As náuseas e os vómitos são sintomas incómodos no primeiro trimestre da gravidez. As náuseas e os vómitos melhoram geralmente por volta da 16th semana de gravidez, mas até essa altura podem causar uma fraqueza tal que afectam a vida quotidiana da mulher. Em comparação com as náuseas e os vómitos, a queimadura cardíaca é mais problemática por volta das 30 -40^{thth} semanas de gestação, porque nesta fase o estômago está sob pressão do útero em crescimento.

Pensa-se que as influências hormonais são a causa mais provável. Os factores psicológicos também podem ter um papel importante através da sua ação direta sobre o centro emético no cérebro médio. Os sintomas tendem a repetir-se num quarto das mulheres numa gravidez subsequente. O cheiro da comida a cozinhar provoca frequentemente vómitos na mãe.

3.2. Febre alta durante a gravidez:-.

Shimoni, Y., Shalev, F., (1990) afirmaram que a febre mediterrânica familiar é uma doença hereditária, seguindo de perto o padrão de herança autossómica recessiva. A amiloidose é a complicação mais grave da doença. A prevalência de perda de gravidez em mulheres com FMF é considerada elevada.

Chambers, C.D., Johnson, K.A., Dick, L.M., Felix, R.J., Jones, K.L. (1998) realizaram um estudo prospetivo sobre a febre materna e os resultados do parto e concluíram que a febre materna elevada no início da gravidez é um teratogénio humano. As mulheres que apresentam febre de 38,9 graus Celsius ou superior durante longos períodos de tempo no primeiro mês de gravidez devem ser consideradas como tendo um risco acrescido de defeitos do tubo neural e devem receber aconselhamento adequado.

Martrinez, Gracia, M.J., Caidas, L.F., Bermejo, Phinilla (2001) realizaram um estudo sobre febre materna elevada durante a gestação e perturbações congénitas graves dos membros e observaram que os bebés expostos à hipertermia no período pré-natal apresentavam espinha bífida, encefalocele, microftalmia, micrognatia, anomalias do ouvido externo, defeitos cardíacos, hipospádias, defeitos gastrointestinais, fenda labial e fenda palatina, defeitos da parede abdominal, hérnia diafragmática e abortos espontâneos. Concluíram que a febre alta durante o quarto mês de amenorreia conduz a anomalias graves do feto.

3.3. Prisão de ventre durante a gravidez:-.

A obstipação é outra doença bastante comum durante a gravidez. As razões possíveis são a diminuição da atividade física e a pressão do útero grávido sobre o cólon pélvico. No caso da lombalgia, é uma doença comum e não se restringe a um trimestre em particular, podendo abranger os três trimestres e continuar no período pós-natal. Nos últimos meses, devido à pressão do útero sobre os nervos, ocorrem cãibras e contracções espasmódicas. A cãibra, que é uma contração súbita do músculo da barriga da perna, ocorre frequentemente durante o terceiro trimestre da gravidez.

Trata-se de uma doença frequente na gravidez. Considera-se que o atraso no esvaziamento do intestino se deve à diminuição do tónus dos músculos intestinais, à restrição da atividade e a uma dieta inadequada.

3.4. Inchaço durante a gravidez:-.

Pal, Bhaskar *et al.* (1997) efectuaram um estudo sobre a mortalidade materna na pré-eclampsia. O estudo revelou que a mortalidade materna devida à eclâmpsia é muito elevada nos países em desenvolvimento, 93,4% das mães não efectuaram exames e cuidados pré-natais regulares e 9,9% eram grandemultiparas. Concluíram que, para ultrapassar o problema, devem ser prestados bons cuidados pré-natais através da melhoria do estatuto educativo, social e económico das mulheres.

Jarven, Allen Wilcox, Rolv, T. (2002), no seu estudo sobre o intervalo entre gravidezes e o risco de pré-eclâmpsia, revelaram que a pré-eclâmpsia ocorreu durante 3,9 por cento das primeiras gravidezes, 1,7 por cento das segundas gravidezes e 1,8 por cento das terceiras gravidezes quando as mulheres tinham o mesmo parceiro. O risco é semelhante ao das mulheres nulíparas.

Wilson, J., Watson, S., Prescott, G., Sarah, Doris *et al.* (2003) efectuaram um estudo de coorte sobre doenças hipertensivas da gravidez e risco de hipertensão e acidente vascular cerebral na vida adulta.

Renee, M. (2006) efectuou um estudo sobre o inchaço durante a gravidez, podendo ocorrer algum inchaço ligeiro durante a gravidez devido à acumulação normal de fluidos. É mais provável que o inchaço seja visível no rosto, nas mãos ou nos pés da mãe. Como o útero materno exerce pressão sobre a circulação das pernas, pode causar inchaço nos pés e tornozelos.

Normalmente, o inchaço dos pés agrava-se durante o dia e resolve-se à noite. O inchaço da face, das mãos ou dos pés começa subitamente e tem um aumento de peso súbito de mais de 0,9 kg num período de 24 horas durante o terceiro trimestre, especialmente se a tensão arterial for elevada.

3.5. Dores de cabeça e cãibras nas pernas

Um estudo sobre uma queixa comum durante a gravidez, como a dor de cabeça. Todas as mulheres experimentam um aumento dramático dos níveis de estrogénio, que começa no primeiro trimestre e atinge um patamar durante o segundo e terceiro trimestres, mas nem todas as mulheres experimentam a redução esperada da dor de cabeça durante a gravidez. Um estudo recente demonstrou que 57% das mulheres grávidas registaram uma redução da atividade das dores de cabeça em pelo menos metade durante o primeiro trimestre, com cerca de 85% a registar uma redução significativa durante o segundo e terceiro trimestres. Um estudo anterior de 30 mulheres que ainda tinham dores de cabeça no final do primeiro trimestre mostrou apenas 30% de redução adicional na atividade das dores de cabeça durante o segundo e terceiro trimestres.

Valbo Bohmer (1999) revelou que a cãibra nas pernas, que é uma contração súbita dos músculos da barriga da perna, ocorre frequentemente durante o terceiro trimestre da gravidez. É habitual a mulher acordar durante a noite e ficar com os músculos da barriga da perna doridos. Os resultados revelaram que 45% das mulheres sofreram cãibras nas pernas durante a gravidez, 54% das mulheres sofreram a condição após a 25th semana de gravidez e 76% das mulheres experimentaram os sintomas duas vezes por semana ou menos, o que demonstra que as cãibras nas pernas são um distúrbio comum da gravidez. Um ajuste dietético em que as mulheres reduzem a ingestão de leite, refrigerantes e alimentos processados pode ajudar a reduzir a ocorrência de cãibras nas pernas.

3.6. Fadiga e azia durante a gravidez :-

Bo Back Jenson (1993) definiu que a pirose ou queimadura do coração é uma sensação de ardor ao longo do esófago causada pela regurgitação do conteúdo gástrico para o esófago inferior. Na gravidez, pode acompanhar a náusea, mas pode persistir para além da resolução da náusea e até aumentar de gravidade à medida que a gravidez avança.

No início da gravidez, a fadiga pode ocorrer devido à vasodilatação sob a influência da progesterona. Mais tarde na gravidez, a mãe pode sentir desmaios quando está deitada de costas. Isto deve-se ao facto de o peso do conteúdo uterino pressionar a veia cava inferior e abrandar o retorno do sangue ao coração.

Adele Pilliteri (2003) definiu a fadiga como sendo provavelmente devida a um aumento das exigências metabólicas. Elas sabem que a gravidez não é uma doença e, por isso, procedem como se nada lhes estivesse a acontecer.

Diane M. Fraser *et al.* (2003) revelaram que a queimadura cardíaca começa no final do 2nd e 3rd trimestre.

A queimadura cardíaca é mais problemática por volta da 30th a 40th semana de gestação, porque nesta fase. O estômago está sob a pressão do útero em crescimento.

3.7. Dores de costas durante a gravidez:-.

A dor nas costas pode ser o sinal inicial de uma infeção da bexiga ou dos rins. Por isso, é fundamental obter um relato pormenorizado dos sintomas da mulher para garantir que ela está a descrever apenas uma dor nas costas.

Esta é uma queixa frequente mesmo no início da gravidez, agravando-se nos últimos meses.

A Dra. Rashmi Patil (2004) afirmou que isso se deve em parte ao relaxamento dos ligamentos e em parte à postura adoptada por muitas mulheres para equilibrar o peso do útero grávido.

Varney (2005) afirma que a dor nas costas também pode resultar de uma flexão excessiva, de andar sem períodos de descanso e de levantar pesos, especialmente se alguma ou todas estas actividades forem realizadas quando a mulher está cansada. Estas actividades aumentam a tensão nas costas.

Adele Pillitteri (2007) definiu que a lombalgia é uma doença comum e não se restringe a um determinado trimestre, podendo abranger os três trimestres e continuar no período pós-natal. Nos últimos meses, devido à pressão do útero sobre os nervos, ocorrem cãibras e contracções espasmódicas. A cãibra, que é uma contração súbita do músculo da barriga da perna, ocorre frequentemente durante o terceiro trimestre da gravidez.

3.8. Hemorragias vaginais graves durante a gravidez :-

French, J.I. (1999) efectuou um estudo com 1100 mulheres grávidas nos EUA para determinar a associação entre hemorragia do primeiro trimestre e parto pré-termo. Verificou-se que 60% das mulheres com hemorragia do primeiro trimestre tinham uma ou mais infecções detectadas no exame inicial. O nascimento pré-termo aumentou entre as mulheres com hemorragia do primeiro trimestre, ou seja, 4,4%.

Coppola, P.T., Coppola, M. (2003), no seu estudo sobre a hemorragia vaginal nas primeiras 20 semanas de gravidez, revelaram que o primeiro e principal diagnóstico a excluir na grávida que apresenta hemorragia vaginal é a gravidez ectópica.

Yang, Savitz, Dole, Hartmann, Herring, Olshan A.F., *et al.* (2005) no seu estudo sobre os factores de previsão da hemorragia vaginal durante os dois primeiros trimestres da gravidez. Os resultados revelaram que a idade materna, a raça, o consumo de cigarros, o aborto espontâneo anterior, o aborto induzido anterior e o nascimento pré-termo anterior estavam relacionados com a hemorragia vaginal durante os dois primeiros trimestres da gravidez.

3.9. Rutura prematura das membranas durante a gravidez :-

Gracemol (2001) realizou um estudo sobre a eficácia de um módulo de auto-instrução sobre condições de alto risco relacionadas com a gravidez entre mães pré-natais numa maternidade selecionada, em Mangalore. Observou que a percentagem de conhecimentos melhorou de 35,21% no pré-teste para

81,5% no pós-teste. Os resultados mostram claramente que houve uma melhoria significativa dos conhecimentos após a administração do SIM. Concluiu que o módulo auto-instrucional desenvolvido como material de educação para a saúde foi considerado muito eficaz.

Pei Fan Mu (2004) investigou as experiências subjectivas da transição do papel materno durante as duas primeiras semanas de hospitalização por rutura prematura das membranas amnióticas (RPM). Treze casais grávidos participaram do estudo por meio de entrevista. A média de gestação das grávidas foi de 27 semanas e as mulheres já estavam a sentir movimentos fetais durante as duas primeiras semanas de hospitalização por RPM. Emergiram quatro temas: perda pendente, preocupação com a segurança do feto, identificação dos papéis maternos e o processo de construção dos papéis maternos. Os resultados fornecem uma base científica para capacitar os enfermeiros a ajudar na transição do papel materno em gravidezes de alto risco de uma forma mais sensível e eficaz.

3.10. Palidez (anemia) durante a gravidez :-

Anitha, P., Gupta, K., Indira, R., (1997) realizaram um estudo retrospetivo sobre o comportamento obstétrico e os resultados de 80 gravidezes na adolescência (< 19 anos de idade), que foram comparados com um grupo de controlo (20-30 anos) da mesma paridade. A taxa global de gravidez na adolescência foi de 3,2%. A maioria das pacientes tinha 18 anos (27,5%) e 19 anos (65,0%) no grupo de estudo e a maioria delas (87,5%) eram primíparas. De todos os casos, a anemia (27,5%), o atraso do crescimento intrauterino (27,5%) e a hipertensão (15%) foram as complicações mais encontradas no grupo de estudo, em comparação com os controlos. A taxa de nados-mortos foi de 1,25%.

Choudhry, V.P., Gupta, S., Gupta, M., Kashyap, R., Saxena, R., (2002) no seu estudo sobre anemia aplástica associada à gravidez - uma série de 10 casos com revisão da literatura. A palidez e as manifestações hemorrágicas foram as queixas mais comuns e concluíram que a anemia aplástica associada à gravidez é uma associação rara. A remissão espontânea pode ocorrer em 25-30% das doentes. No primeiro trimestre, a gravidez pode ser interrompida, enquanto na gravidez avançada as doentes podem ser seguidas com cuidados de apoio rigorosos. Nestas doentes, a ciclosporina pode ser segura durante o período pré-natal. As doentes com anemia aplástica estabelecida devem evitar a gravidez.

Hinze e Stephanie, no seu estudo sobre anemia na gravidez e resultados da gravidez, concluíram que as mães anémicas (Hb <110g/L) às 32-36 semanas de gestação têm um risco significativo. As concentrações de hemoglobina materna superiores a 120g/L não estão associadas a maus resultados da gravidez e à anemia pós-parto.

Priti A (2004), no seu estudo sobre os resultados feto-maternos em grávidas anémicas, obteve os seguintes resultados: dos 200 casos de anemia, 166 (83%) tinham anemia moderada e 34 (17%) casos tinham anemia grave. A maioria das doentes anémicas não tinha recebido cuidados pré-natais e era mais frequente nas primigestas (47%). Registou-se uma incidência muito elevada de trabalho de parto pré-termo (50%). Nas doentes anémicas, verificou-se uma incidência muito elevada de toxemia (32,5%) e de outras complicações, como a APH em 5,5% dos casos, a CCF em 4% e a eclampsia em 7% dos casos. Concluiu que a anemia grave na gravidez ainda está muito disseminada nos países em desenvolvimento, resultando numa prevenção considerável da mortalidade e morbilidade materna e perinatal. A suplementação com ferro e ácido fólico deve ser reforçada, mesmo nas mulheres indianas em geral.

4. Revisão da literatura relacionada com o aumento de peso durante a gravidez

As mulheres com baixo peso (IMC inferior a 18,5) devem ganhar entre 12,7-18 kg (28-40 lbs), enquanto as que têm excesso de peso (IMC de 25-29,9) são aconselhadas a ganhar entre 6,8-11,3 kg (15-25 lbs) e as que são obesas (IMC>30) devem ganhar entre 5-9 kg (11-20 lbs).

A ingestão calórica deve ser aumentada para garantir o desenvolvimento correto do feto. A quantidade de peso ganho durante uma gravidez varia. O Instituto de Medicina recomenda um aumento global de peso durante a gravidez, para as mulheres com peso normal (índice de massa corporal de 18,5-24,9), de 11,3-15,9 kg (25-35 libras).

Durante a gravidez, um aumento de peso insuficiente ou excessivo pode comprometer a saúde da mãe e do feto. As mulheres são encorajadas a escolher uma dieta saudável, independentemente do seu peso antes da gravidez. O exercício físico durante a gravidez, como caminhar e nadar, é recomendado para uma gravidez saudável. O exercício tem benefícios notáveis para a saúde da mãe e do bebé, incluindo a prevenção do aumento excessivo de peso.

Tabela 2.1:- Aumento de peso durante a gravidez

Categoria de IMC antes da gravidez	**Ganho de peso total recomendado**	**Ganho de peso semanal** (após 12 semanas)
Baixo peso IMC <18,5	12,5~18 kg (28~40 lb)	0,5 kg (1,0 lb)
Peso saudável IMC 18,5~ 24,9	11,5~16 kg (25~35 lb)	0,4 kg (1,0 lb)
Excesso de peso IMC 25,0~ 29,9	7,0~ 11,5 kg (15~25 lb)	0,3 kg (0,6 lb)
Obeso IMC > 30	5,0~9,0 kg (11~20 lb)	0,2 kg (0,5 lb)

(Fonte:- Ganho de peso durante a gravidez: Reexamining the Guidelines.Institute ofMedicine.2009. http://www.iom.edu/Reports/2009/Weight-GainDuringPregnancy- Reexamining-the-Guidelines.aspx. Recuperado em 28 de novembro de 2010).

5. Revisão da literatura relacionada com as necessidades nutricionais durante a gravidez

"Aquele que ingere alimentos nas medidas corretas vive uma vida longa, e vive sem doenças, adquire força e vigilância mental. Além disso, os seus filhos nascem saudáveis e sem qualquer deformidade ou doença"

(Citado de Mahabharata)

Vivemos num mundo com elementos em rápida mutação - o nosso ambiente, o abastecimento alimentar, a população e o conhecimento científico. Em ambientes diferentes, os nossos corpos, personalidades, necessidades e objectivos mudam. Estas mudanças constantes da vida devem estar em algum tipo de equilíbrio positivo para produzir uma vida saudável.

Uma dieta equilibrada e nutritiva é um aspeto importante de uma gravidez saudável. Uma alimentação saudável, com um equilíbrio entre hidratos de carbono, gorduras e proteínas e uma variedade de frutas e legumes, garante geralmente uma boa nutrição. As pessoas cuja dieta é afetada por questões de saúde, requisitos religiosos ou crenças éticas podem optar por consultar um profissional de saúde para obter aconselhamento específico.

A ingestão alimentar materna deve consistir numa boa dieta mista, durante toda a gravidez, adequada em termos de quantidade total de calorias, proteínas, minerais e vitaminas. A ingestão de nutrientes no início da gravidez é muito importante, pois será a base de um bom estado nutricional para o crescimento do feto, do bebé enquanto criança, do adolescente até à velhice.

Seshadri, S. (2001) revelou que as deficiências de nutrientes, quer sejam clínicas ou subclínicas, podem também afetar potencialmente o crescimento fetal, a cognição e o futuro desempenho reprodutivo.

A gravidez é um período que se caracteriza por várias alterações fisiológicas com aumento das necessidades de nutrientes para o crescimento do feto.

De acordo com a **Organização Mundial de Saúde,** uma alimentação nutritiva e um estilo de vida ativo podem ajudar a alcançar uma saúde óptima ao longo da vida. Uma boa nutrição é importante em todas as fases da vida e, em particular, durante a gravidez. A saúde e o estado nutricional das mães e das crianças estão intimamente ligados.

Começar a gravidez com uma dieta saudável é dar ao bebé a melhor vantagem nutricional possível. Uma dieta variada é fundamental para apoiar o crescimento e o desenvolvimento do feto e para a manutenção da saúde da mulher. As necessidades nutricionais da maioria dos nutrientes aumentam durante a gravidez, em especial o folato, o ferro, o zinco e a vitamina C.

Tamura, T., Picciano, M.F., (2006) sugeriram que a ingestão alimentar, por si só, não pode fornecer todas as necessidades maternas de nutrientes durante a gravidez, sendo necessário complementar a dieta com suplementos vitamínicos para evitar carências durante a gravidez, a fim de melhorar o resultado ótimo da gravidez. As necessidades de suplementação vitamínica podem variar consoante a idade gestacional e o estado nutricional das mulheres grávidas. A suplementação periconcepcional de ácido fólico de 0,4 mg/dia antes da 4th semana de gestação reduz os DTN.

Verificou-se que a idade materna e o IMC influenciam a dieta materna durante o início da gravidez.

Derbyshire, E. (2008) revelou que um IMC materno superior a 29 no início da gravidez está associado a complicações como diabetes gestacional, pré-eclâmpsia, hipertensão induzida pela gravidez, defeitos do tubo neural, peso elevado à nascença e morte intra-uterina.

Figura 2.2: - NUTRIÇÃO DEGRADADA AO LONGO DO CICLO DE VIDA HUMANO

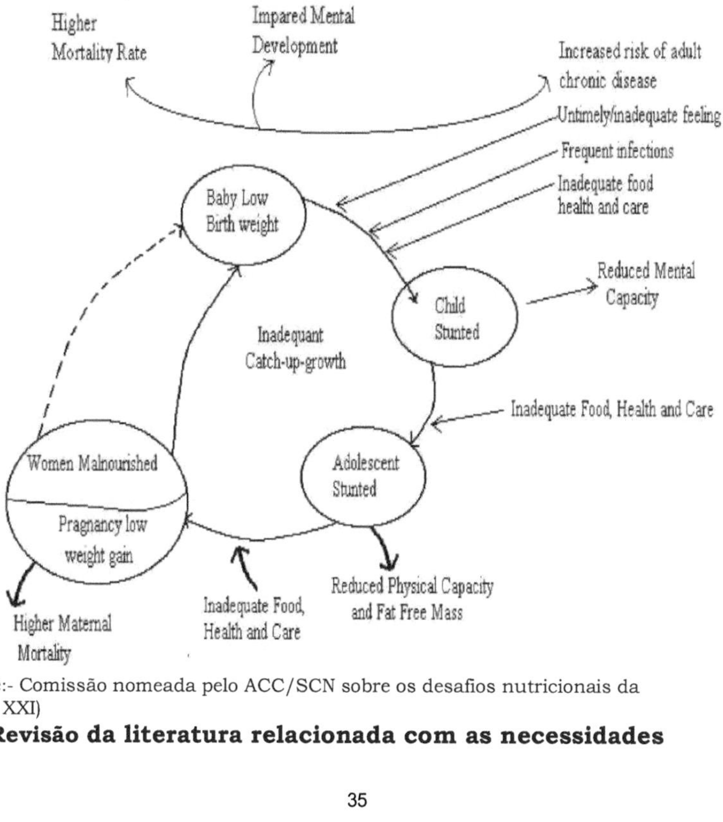

(Fonte:- Comissão nomeada pelo ACC/SCN sobre os desafios nutricionais da Século XXI)

5.1. Revisão da literatura relacionada com as necessidades

energéticas

Durante a gravidez

Bhutte, N.F. *et al.* (2004) afirmaram que as necessidades energéticas maternas durante a gravidez variam consoante os países e os indivíduos com diferentes estilos de vida. Considera-se que são mais específicas da população. As mulheres com as mesmas caraterísticas maternas, como a idade e o IMC, mas com uma atividade física diferente, podem ter necessidades energéticas diferentes. As necessidades das mulheres bem nutridas podem ser diferentes das das subnutridas. O consumo de energia entre as mulheres grávidas com IMC elevado aumentou 7%, 16% e 38% no primeiro, segundo e terceiro trimestres, respetivamente. As necessidades energéticas das mulheres com IMC normal no primeiro trimestre foram insignificantes e aumentarão para cerca de 350 kcal/dia e 500 kcal/dia no segundo e terceiro trimestres.

Figura 2.3:- Diagrama Representativo da Derivação de Energia

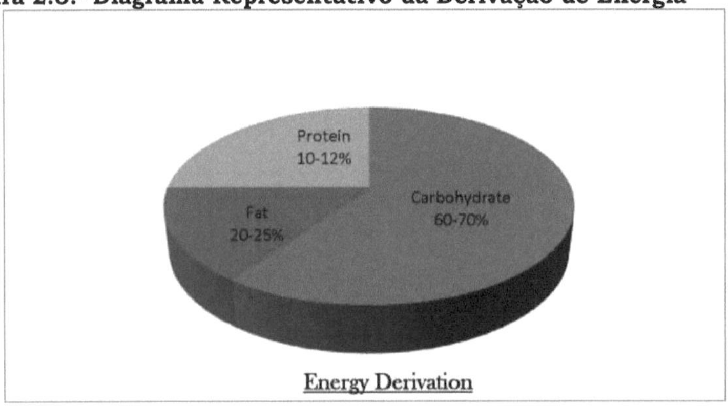

A Organização Mundial de Saúde recomenda uma ingestão adicional de 360 kcal/dia no segundo trimestre e de 475 kcal/dia no terceiro trimestre.

A **Nordic Nutrition** recomenda uma ingestão média de 2500 kcal/dia para as mulheres grávidas.

As necessidades calóricas aumentam de forma modesta durante a gravidez. No primeiro trimestre, não são necessárias calorias adicionais. No entanto, são necessárias mais 340 calorias por dia no segundo trimestre e mais 452 calorias por dia no terceiro trimestre.

A ingestão média de energia entre as mulheres grávidas varia de país para país. Na Suécia, foi registada uma ingestão de 2104 kcal/dia a meio da gestação, semelhante à do Quénia, 2055 kcal/dia, e muito inferior na Índia, onde foi registada uma média de 1541 kcal/dia.

5.2. Revisão da literatura relacionada com as necessidades de hidratos de carbono e gorduras durante a gravidez

Os hidratos de carbono devem constituir aproximadamente 50% da dieta da maioria das mulheres grávidas. Os hidratos de carbono são importantes para a produção de energia e evitam que as proteínas sejam utilizadas como energia. Os cereais integrais, as frutas, os legumes, o leite, o iogurte, o feijão e as ervilhas contêm hidratos de carbono. O grupo dos hidratos de carbono fornece grande parte da fibra necessária para ajudar a prevenir a obstipação e as hemorróidas. Atualmente, desconhece-se a segurança de uma dieta rica em proteínas e pobre em hidratos de carbono. As dietas pobres em hidratos de carbono produzem cetonas, o que pode ser contraindicado na gravidez.

Uauy, R., *et al.* (1996) revelaram que as necessidades de gordura se mantêm inalteradas durante a gravidez. As diretrizes da American Heart Association para a gordura são 30% do total de calorias por dia. A ingestão de gordura de uma dieta de 2000 calorias é de 60 g/dia. As gorduras saturadas devem ser limitadas e a maioria das gorduras deve ser monoinsaturada e polinsaturada. Uma porção de gorduras monoinsaturadas e polinsaturadas inclui alimentos como 1 colher de chá de azeite, amendoim, canola ou óleo de milho, 2 nozes inteiras, 6 amêndoas e 10 amendoins, 2 colheres de chá de manteiga de amendoim, um oitavo de um abacate e 10 azeitonas. Alguns estudos demonstraram que os ácidos gordos polinsaturados de cadeia longa, em particular o ácido docosahexaenóico (DHA) e o ácido araquidónico (AA), presentes na alimentação materna, desempenham um papel no crescimento e desenvolvimento do feto.

O DHA e o AA (ácidos gordos n-3, presentes no peixe, marisco, sementes de linhaça, nozes e óleo de canola) têm sido associados ao desenvolvimento cerebral neonatal e à acuidade visual dos bebés. Podem também ter um papel na melhoria do peso à nascença, na diminuição da incidência de atraso de crescimento intrauterino e na prevenção da pré-eclampsia.

5.3. Revisão da literatura relacionada com as necessidades de proteínas durante a gravidez

Messina, V.K., Mangles, R., Messina, M., (2004) sugeriram que as fontes de proteína numa dieta vegetariana incluem cereais integrais, feijões e leguminosas, produtos de soja, vegetais, nozes e sementes. Uma dieta vegetariana equilibrada, que forneça calorias adequadas e inclua estes alimentos, irá provavelmente satisfazer as necessidades proteicas.

A DRI para mulheres com idades compreendidas entre os 19 e os 50 anos é de 46 g/dia, aumentando para 71 g/dia durante o segundo e terceiro trimestres de gravidez (mais 25 gramas do que as necessidades pré-gravidez).

5.4. Revisão da literatura relacionada com as vitaminas Necessidade durante a gravidez

5.4.1. Vitamina A

West, K., *et al.* (1999) revelaram que a deficiência materna de vitamina A é comum nos países em desenvolvimento onde os consumos são baixos, a suplementação semanal de 7000 pg de vitamina A tem o potencial de reduzir o risco de cegueira nocturna e de mortalidade materna durante a gravidez, como indicado num estudo realizado no Nepal.

A deficiência de vitamina A durante a gravidez pode resultar em perda fetal, embora doses elevadas no início da gravidez também possam ser teratogénicas.

M.S. Radhika *et al.* (2002) trabalharam sobre os efeitos da deficiência de vitamina A durante a gravidez na saúde materna e infantil e concluíram que a deficiência subclínica de vitamina A é um problema durante o terceiro trimestre de gravidez.

A vitamina A é obtida através da alimentação sob duas formas principais: o retinol, proveniente de produtos animais, e os carotenos, precursores da vitamina A, presentes nos frutos e nos legumes. As necessidades de vitamina A aumentam durante a gravidez para satisfazer o crescimento dos tecidos maternos e fetais e para armazenamento no fígado. A deficiência de vitamina A ocorre em resultado de uma ingestão baixa ou limitada de produtos de origem animal e de carotenos provenientes de frutos e legumes. A má absorção também pode contribuir para a deficiência de vitamina A. Durante a gravidez, a carência de vitamina A pode manifestar-se sob a forma de cegueira nocturna, parto prematuro, atraso do crescimento intrauterino, baixo peso à nascença e hemorragia anteparto em consequência de placenta abrupta e infecções.

O grupo de peritos da OMS recomendou que a ingestão diária de vitamina A acima dos níveis de 7500 µg semanais deve ser evitada. As mulheres com um consumo diário de vitamina A superior a 7500 µg no início da gravidez podem aumentar o risco de anomalias fetais e de maus resultados reprodutivos.

Um estudo realizado no Gana em mulheres primigestas que receberam suplementos semanais de vitamina A de 10000 UI revelou ter um menor risco de infeção ativa da malária na placenta.

A ingestão recomendada de vitamina A não tem qualquer especificação, mas a ingestão no último trimestre é mais elevada do que no início da gravidez. A necessidade de ingestão de vitamina A aumenta de forma constante no início da gravidez de 100 pg para 700 pg no último trimestre.

5.4.2. Vitamina-B2 (Riboflavina)

As necessidades de riboflavina aumentam durante a gravidez para melhorar o crescimento materno e fetal. Uma ingestão deficiente durante a gestação pode afetar o resultado da gravidez e os bebés nascidos de mães com deficiência de riboflavina podem sofrer de deficiência de riboflavina.

A dose adicional de 0,3 mg/dia baseia-se no aumento da procura para o crescimento materno e fetal. A ingestão de 1,4 mg/dia é recomendada pela OMS/FAO.

5.4.3. Vitamina B6 (Piridoxina)

A vitamina B6 ocorre naturalmente em três formas diferentes: piridoxina, piridoxal e piridoxamina, que são convertidas na co-enzima fosfato de piridoxal. A vitamina B6 tem sido associada ao desenvolvimento do sistema nervoso central, à síntese do sangue e à redução do risco associado às doenças cardiovasculares. Os sintomas que ocorrem como resultado de uma deficiência de vitamina B6 incluem convulsões, confusão, irritabilidade, depressão e anemia microcítica.

A OMS/FAO recomenda a ingestão diária de 1,9 mg de vitamina B6 durante a gravidez para as necessidades metabólicas do feto e para o aumento de peso adicional.

5.4.4. Vitamina B12 (Cobalamina)

A cobalamina, vulgarmente conhecida como vitamina B12, é uma das maiores vitaminas do complexo B com anel corrino, e é sintetizada pela presença de microrganismos. As plantas não possuem as enzimas necessárias para a síntese da vitamina B12. Este facto levanta preocupações para as mulheres grávidas que dependem exclusivamente de uma dieta vegana; podem estar expostas ao risco de deficiência de vitamina B12 e anemia megoblástica.

De acordo com a **FAO/OMS**, 0,1-0,2µg /dia de vitamina B12 é depositado no feto desde o início da gravidez ao longo de todo o período gestacional.

A OMS recomenda a ingestão diária de 2,6 pg de vitamina B12 durante a gravidez. A dose diária recomendada para as mulheres grávidas nos países nórdicos é de 2,0 pg.

5.4.5. Vitamina C (ácido ascórbico)

Os seres humanos não são capazes de sintetizar a vitamina C, mas são capazes de satisfazer as suas necessidades diárias através da ingestão de alimentos e suplementos. A ingestão insuficiente de vitamina C durante a gravidez predispõe as mulheres ao risco de anemia e deficiências relacionadas, como escorbuto, inchaço, sangramento das gengivas e dores nas articulações. As mulheres grávidas podem aumentar o seu nível de vitamina C através do consumo de frutos como o kiwi, as cerejas, os morangos, o tomate, a melancia e o tangelo. Os legumes como a couve, os brócolos, os pimentos verdes e vermelhos, as couves-de-bruxelas, os rebentos de feijão e a couve-flor são ricos em vitamina C. As batatas fornecem vitamina C durante todo o ano às mulheres grávidas, uma vez que o seu fornecimento se estende ao longo de todo o ano e são muito consumidas nos países nórdicos.

A ingestão de nutrientes recomendada **pela Organização Mundial de Saúde** para a vitamina C durante a gravidez é de 55 mg/dia.

As necessidades de vitamina C aumentam moderadamente durante a gravidez, concentrando-se a maior parte no terceiro trimestre. A ingestão diária de 10 mg é necessária no início da gravidez e aumenta para cerca de 50 mg no último trimestre para satisfazer as necessidades do feto.

5.4.6. Vitamina D

Holick, M.P., (2004) afirmou que a pele humana é uma das fontes através das quais a vitamina D é disponibilizada ao organismo. Isto é feito através da exposição da pele à luz solar. No entanto, a quantidade de vitamina D que pode ser sintetizada a partir do sol para um indivíduo depende de vários factores. Entre eles, destacam-se a localização geográfica, as variações sazonais, o vestuário e a utilização de protetor solar, o pigmento da pele, bem como a quantidade de exposição solar à pele. Todos estes factores influenciam os raios ultravioletas que atingem a pele para a síntese da vitamina D.

O aumento das necessidades de vitamina D durante a gravidez é essencial para o metabolismo e a absorção do cálcio materno, a fim de desempenhar a função de desenvolvimento do esqueleto fetal e neonatal. A vitamina D é também essencial para o crescimento do feto, o sistema imunitário e o desenvolvimento cognitivo.

A deficiência materna de vitamina D é um problema de saúde pública generalizado, especialmente nos países em desenvolvimento. A carência de vitamina D durante a gravidez tem sido associada a uma série de problemas de saúde graves a curto e a longo prazo nos descendentes, incluindo deficiências de crescimento, problemas esqueléticos, diabetes de tipo 1, asma e esquizofrenia.

A toma de suplementos de vitamina D durante a gravidez pode, por conseguinte, ajudar a melhorar o estado de vitamina D do feto e do recém-nascido e a reduzir o risco de deficiência de vitamina D nos primeiros meses de vida.

Outros estudos mostraram também que as mães que tinham um défice de vitamina D no início da gravidez continuavam a ter esse défice no final da gravidez, apesar de terem tomado suplementos de 800-1600 UI de vitamina D por dia durante a gravidez.

A necessidade exacta de suplementação de vitamina D no início da gravidez não é normalmente conhecida, estimando-se que seja de 500700 UI por dia. A fim de compensar o estilo de vida e os factores ambientais que afectam as mulheres durante a gravidez, uma quantidade de 10-25 pg/dia (400-1000 UI) durante o último trimestre será benéfica para reduzir o risco de deficiência de vitamina D.

5.4.7. Vitamina E (Tocoferol)

A vitamina E é uma vitamina antioxidante solúvel em gordura que se encontra principalmente nas plantas e existe sob várias formas. A vitamina E está disponível nos frutos secos, nos vegetais de folha verde e nos óleos vegetais. A vitamina E também pode ser encontrada em algumas gorduras animais. O nome alfa-tocoferol é normalmente utilizado para a forma ativa da vitamina E proveniente da ingestão alimentar. A vitamina E funciona como antioxidante para proteger os ácidos gordos poli-insaturados, as lipoproteínas de baixa densidade e a membrana celular da oxidação dos radicais livres. No entanto, existem poucas provas de deficiência de vitamina E, que ocorre normalmente em doentes com perturbações metabólicas hereditárias da vitamina E. Existem provas inconsistentes de que a toma de suplementos de vitamina E protege contra doenças crónicas como as doenças cardiovasculares.

5.4.8. Vitamina B12 (ácido fólico)

Foi demonstrado que a ingestão adequada de ácido fólico periconcecional (também chamado folato ou vitamina B9) diminui o risco de defeitos do tubo neural fetal, como a espinha bífida, um defeito congénito grave. O tubo neural desenvolve-se durante os primeiros 28 dias de gravidez, o que explica a necessidade de garantir uma ingestão periconcepcional adequada de folato.

O folato é uma vitamina do grupo B necessária para um crescimento e desenvolvimento saudáveis. As suas necessidades aumentam durante a gravidez para o crescimento normal do feto. A ingestão adequada de folato ajuda a prevenir defeitos do tubo neural no bebé, como a espinha bífida.

O folato dietético recomendado para as mulheres grávidas é de 600 pg/dia durante toda a gravidez. No entanto, para reduzir a probabilidade de defeitos do tubo neural no bebé, recomenda-se que as mulheres consumam 400 pg/dia adicionais de ácido fólico através de um suplemento ou sob a forma de alimentos fortificados durante, pelo menos, 1 mês antes e 3 meses após a conceção, para além de consumirem folato alimentar através de uma dieta variada.

O folato (de *folia*, folha) é abundante nos espinafres (frescos, congelados ou enlatados) e encontra-se em vegetais de folha verde, por exemplo, saladas, beterrabas, brócolos, espargos, citrinos e melões, grão-de-bico (ou seja, sob a forma de hummus ou falafel) e ovos. Nos Estados Unidos e no Canadá, a maioria dos produtos de trigo (farinha, massas) são fortificados com ácido fólico.

Folato é o nome genérico das vitaminas hidrossolúveis do complexo B, das quais o ácido fólico faz parte. O folato pode ser encontrado em alimentos naturais como poliglutamato e é menos absorvido pelo organismo. O ácido fólico apresenta-se como monoglutamil e é a forma sintetizada da vitamina que se encontra nos alimentos enriquecidos e nos suplementos. A diferença entre o folato e o ácido fólico depende da biodisponibilidade; o ácido fólico é mais facilmente absorvido do que o folato. Cerca de 50% do folato ingerido através da alimentação natural é absorvido, mas mais de 85% dos ácidos fólicos dos suplementos são normalmente absorvidos pelo organismo, pelo que o ácido fólico é cerca de 1,7 vezes mais facilmente absorvido do que o folato alimentar.

A baixa ingestão de folato na dieta está associada a baixo peso à nascença, baixo peso gestacional e parto prematuro. Esta situação pode ser invertida com o fornecimento adequado de folato à mãe e ao feto no início da gravidez.

Níveis baixos de ácido fólico na altura da conceção podem causar defeitos do tubo neural (DTN) nos bebés. A suplementação com ácido fólico das mulheres durante o período periconcepcional reduz a incidência de DTN, como a anencefalia e a espinha bífida.

5.5. Revisão da literatura relacionada com as necessidades de minerais

Durante a gravidez 5.5.1. Cálcio

O cálcio não é fabricado no organismo, devendo ser adquirido da alimentação através do trato gastrointestinal e armazenado no esqueleto. Uma dieta materna com cálcio insuficiente pode afetar o desenvolvimento do feto e a saúde óssea materna. As necessidades fetais são satisfeitas através da dependência do depósito esquelético materno. Aproximadamente 30 g de cálcio são retirados do depósito esquelético materno durante todo o período de gestação.

Hofmeyr, G.J., *et al.* (2006) revelaram que a suplementação com cálcio durante a gravidez reduz o risco de hipertensão arterial (com ou sem proteinúria) em 30% (RR: 0,70; 95% CI: 0,57-0,86).[54] Também reduziu significativamente o risco de pré-eclâmpsia em 52% (RR: 0,48; 95% CI: 0,33-0,69), mas a significância foi alcançada apenas em mulheres com uma dieta pobre em cálcio para este resultado. A morte materna/morbilidade grave também foi reduzida (RR: 0,80; IC 95%: 0,65-0,97).

5.5.2. Ferro

A deficiência de ferro, que resulta em anemia, é altamente prevalente nas mulheres grávidas, e as necessidades acrescidas durante a gravidez não são frequentemente satisfeitas, mesmo com alterações na dieta. Durante a gravidez, as necessidades de ferro aumentam substancialmente devido ao aumento das necessidades da placenta e do feto, sendo ainda agravadas pelas perdas de sangue durante o parto. Estudos demonstraram que a deficiência de ferro aumenta a taxa de parto prematuro e a mortalidade perinatal.

Seshardri, S., (2001) revelou que a prevalência da anemia nos países do Sul da Ásia varia: Bangladesh 77%, Butão 59%, Nepal 65% e Sri Lanka 60%.

Na Índia, foi registada uma ingestão média de ferro de 15 mg/dia e de 16,1 mg/dia entre as mulheres grávidas no Quénia.

A hemorragia continua a ser uma das principais causas de morte materna nos países em desenvolvimento, sendo responsável por cerca de 25% de todas as mortes maternas.

A ingestão adequada de ferro é essencial durante a gravidez; a sua deficiência no início da gravidez pode ter um impacto negativo tanto na mãe como no feto. A deficiência de ferro durante o início da gravidez pode ser causada por vários factores, a biodisponibilidade alimentar juntamente com a ingestão insuficiente de ferro na dieta, a perda crónica de sangue e os volumes sanguíneos alargados, tal como se verifica ao longo do período de desenvolvimento do ciclo de vida.

As manifestações de deficiência no início da gravidez incluem anemia, parto prematuro e baixo peso à nascença.

O ferro é um componente da hemoglobina, o componente do sangue que transporta o oxigénio pelo corpo. O pico das necessidades de ferro na gravidez ocorre durante o segundo e terceiro trimestres. A falta de ferro pode resultar em anemia. As mulheres cuja dieta antes da gravidez era pobre em ferro podem ter reservas baixas de ferro. Este facto aumenta o risco de desenvolver anemia por deficiência de ferro durante a gravidez. Níveis baixos de ferro no início da gravidez têm sido associados a parto prematuro e baixo peso à nascença.

O **National Health and Medical Research Council (2006)** sugeriu que a DDR para o ferro na gravidez é de 27 mg/dia.

Existem duas fontes principais de ferro disponíveis nos alimentos consumidos pelas mulheres grávidas. O ferro heme, proveniente de produtos cárneos, e a parte não heme, normalmente encontrada em produtos de origem vegetal, como frutas, cereais, legumes e verduras.

As necessidades de ferro durante a gravidez aumentam para suportar a massa de hemoglobina da mãe, a expansão do volume plasmático, o crescimento da placenta e também para o desenvolvimento do feto.

5.5.3. Iodo

Uma revisão efectuada por **Haider e Bhutta** sobre a suplementação de iodo na gravidez mostrou uma redução significativa de 29% nas mortes durante a infância com a suplementação materna de iodo. [

O National Health and Medical Research Council (2006) sugeriu que a DDR para o iodo na gravidez é de 220 µg/dia.

A carência de iodo na gravidez pode afetar o crescimento e o desenvolvimento do feto, aumentar a probabilidade de aborto e ter graves complicações para o desenvolvimento intelectual. O iodo pode ser encontrado nos produtos lácteos, ou seja, no leite e no iogurte, no pão cozido com sal iodado e no peixe de água salgada. É muito importante que as mães consumam iodo suficiente desde o momento da conceção, tal como acontece com os nutrientes mais conhecidos, o ferro e o folato.

5.5.4. Magnésio

A revisão de **Makrides *et al.* (2001)** sobre a suplementação com magnésio incluiu sete ensaios, recrutando 2689 mulheres. O tratamento com magnésio foi associado a uma menor frequência de partos pré-termo (RR: 0,73; IC 95%: 0,57-0,94) em comparação com o placebo. No entanto, não houve impacto no risco de pré-eclâmpsia, aborto espontâneo, nado-morto ou mortalidade neonatal.

A hospitalização materna foi significativamente reduzida com o tratamento com magnésio, e também foi observada uma redução na hemorragia anteparto. O risco de bebés com baixo peso à nascença e pequenos para a idade gestacional foi também significativamente reduzido.

5.5.5. <u>Zinco</u>

O Food and Nutrition Board (2000) concluiu que as necessidades de zinco aumentam durante a gravidez. A DRI para mulheres entre os 19 e os 50 anos é de 8 mg/dia e aumenta para 11 mg/dia durante a gravidez.

No entanto, as necessidades das mulheres que seguem uma dieta vegetariana podem ser mais elevadas, devido à menor absorção de zinco numa dieta à base de plantas.

5.6. Revisão da literatura relacionada com as necessidades de fibra durante a gravidez

As alterações fisiológicas que ocorrem durante a gravidez requerem uma ingestão adicional de fibras e água. É importante manter um consumo entre 18 e 24 g de polissacáridos por dia para reduzir o risco de desenvolver obstipação.

Derbyshire *et al.*, (2007) descobriram que as mulheres grávidas que referiram sofrer de obstipação consumiam diariamente 11,6 g de polissacáridos sem amido.

3. METODOLOGIA DE INVESTIGAÇÃO

Capítulo 3

METODOLOGIA DE INVESTIGAÇÃO

Este estudo foi concebido para avaliar os conhecimentos das mulheres grávidas relativamente à nutrição e aos componentes nutricionais.

Este capítulo descreve o método de investigação e as técnicas desenvolvidas para o presente estudo ***"Desnutrição materna e necessidades nutricionais com receitas fortificadas"***

Metodologia

Kothari CR.(2004), definiu que a metodologia de investigação indica o padrão geral de organização do procedimento de recolha de dados válidos e fiáveis para os problemas sob investigação.

Localização do estudo:-

O presente estudo foi efectuado na cidade de Kanpur (U.P.). O distrito de Kanpur é uma parte do *baixo* doab situada entre os rios Ganga e Yamuna, entre os paralelos de 25°28' a 26°58' de latitude norte e 79°31' a 80°34' de longitude leste. Apresenta um declive suave de noroeste para sudeste e situa-se a uma altitude de 125,9 m acima do nível médio das águas do mar, nas aluviões gangáticas do Uttar Pradesh central.

Período do estudo:- 2012-2013

Fonte dos dados:- A população inclui as mães grávidas.

Conceção da investigação

A conceção da investigação refere-se ao plano global do investigador para obter respostas às questões de investigação e explicita as estratégias que o investigador adopta para desenvolver informações precisas, objectivas e interpretativas.

Foi adoptada a técnica de amostragem aleatória propositada para selecionar a amostra para o estudo.

População:-

Polit, Hungler (1999) definiu como o conjunto de indivíduos ou objectos com algumas caraterísticas comuns, por vezes referido como universo.

Neste estudo, a população refere-se às mães pré-natais que frequentam os hospitais pré-natais.

Tamanho da amostra:-

O tamanho da amostra para o estudo foi de 100.

Seleção da amostra

A amostra é o subconjunto da população selecionada para participar num estudo de investigação. A cidade de Kanpur tem seis zonas, das quais quatro são selecionadas aleatoriamente para a recolha de dados.

Procedimentos de recolha de dados: -

Para a recolha de dados, foi utilizado o método do questionário ou do calendário de entrevistas. Os inquiridos foram contactados a nível pessoal e as suas respostas foram registadas.

Instrumentos de recolha de dados

Foi elaborado um questionário auto-estruturado como método adequado de recolha de dados para o estudo. Este método é aplicável tanto a alfabetizados como a analfabetos.

O questionário auto-estruturado foi utilizado para a recolha de dados e foi dividido em nove secções

Secção I:-Dados demográficos, como idade, habilitações literárias, religião, antecedentes, etc.

Secção-II: - História obstétrica das mães.

Secção-III: - Hábitos alimentares dos inquiridos.

Secção-IV: - Práticas de segurança alimentar.

Secção V: - Sensibilização nutricional das mães.

Secção-VI: - Estilo de vida da mãe.

Secção VII: - Medidas antropométricas.

Secção VIII: - Avaliação clínica da mãe.

Secção-IX : - Método de recordação alimentar de 24 horas.

Descrição da ferramenta

Um guião de entrevista auto-estruturada tem nove secções

Secção I: - A primeira secção do instrumento é constituída por sete itens de variáveis sociodemográficas, tais como idade, antecedentes, educação, religião, profissão e rendimento mensal.

Secção-II : - Inclui os três itens relativos à sua ordem de gravidez, ao trimestre da gravidez e à toma de medicamentos durante a gravidez.

Secção-III : - Esta secção consiste num item relacionado com os seus hábitos alimentares.

Secção-IV : - A quarta secção do instrumento inclui cinco itens relativos à utilização da panela de pressão para cozinhar, à utilização de frutas e legumes frescos, à lavagem e imersão em água antes de cozinhar, à utilização de refrigerante na preparação dos alimentos, ao consumo de grãos germinados e à ingestão de alimentos simples ou condimentados ou muito condimentados.

Secção V: - Esta secção é constituída por 19 itens relacionados com a compreensão da nutrição, dieta equilibrada, DDR, aumento de peso durante a gravidez e significado, função, fontes e doenças causadas por deficiência de hidratos de carbono, proteínas, gorduras, vitamina A, complexo B, vitamina C, vitamina D, vitamina E e K, cálcio, ferro, nível de hemoglobina, iodo, fibra alimentar, água e sensibilização para as complicações durante a gravidez.

Secção-VI : - Inclui os nove itens relacionados com o estilo de vida das mães: acordar e dormir, exercício físico, pequeno-almoço, almoço e jantar, actividades domésticas, ter empregada e electrodomésticos, tomar qualquer coisa antes de ir para a cama e qualquer tipo de dependência.

Secção VII: - A secção sete inclui três itens: altura, peso e IMC, que são descritos em pormenor a seguir

Técnica para a altura: - A altura é uma caraterística genética que é modificada pela adequação da dieta. A altura foi medida utilizando uma fita antropométrica ou perguntando aos inquiridos conforme a sua conveniência.

Técnica para o peso: - O peso é geralmente considerado como o método mais significativo porque o défice de peso está diretamente relacionado com a deficiência nutricional. A balança foi ajustada a zero antes de efetuar cada medição. Todas as mães grávidas já tinham medido o seu peso aquando dos exames pré-natais.

Técnica para o IMC :- O IMC foi calculado a partir do peso e da altura medidos através da expressão dada por Forbes :-

$$BMI = \frac{Weight\ (kg)}{Height\ (m)^2}$$

Secção VIII: - Esta secção do programa de entrevistas consiste na avaliação clínica das mães e é composta por dez itens: aspeto geral, cabelo, rosto, olhos, lábios, língua, dentes, gengivas, pele e unhas. Trata-se de um método prático importante para avaliar o estado nutricional da comunidade. Todos os inquiridos foram submetidos a um exame clínico para detetar a presença de sinais e sintomas relacionados com a malnutrição.

Secção-IX : - A nona secção consiste no método de recordação da dieta de 24 horas dos participantes. Foi pedido a cada inquirido que recordasse a sua alimentação diária e o consumo de nutrientes de um dia foi calculado com a ajuda do valor nutritivo dos alimentos indianos (ICMR) de *C.Gopalan.*

Variáveis :-

Variáveis dependentes: - Mães pré-natais

Variáveis independentes:- Questionário auto-estruturado

Desenvolvimento do produto :-

Tabela 3.1. Ingredientes para o Laddu de cevada

Ingredientes	Quantidade (g)
Farinha de cevada	35
Farinha de trigo	10
Farinha de grama de Bengala	5
Jaggery	40
Amendoim torrado	3
Ghee	5
Coco ralado	2

Diagrama de fluxo para a preparação de *Laddu de cevada*

Peneirar as farinhas separadamente

⇩

Torre as farinhas com um pouco de ghee separadamente

⇩

Deixar arrefecer

⇩

Triturar o amendoim torrado e o açúcar de cana

⇩

Juntar todos os ingredientes

⇩

Misturar bem

⇩

Fazer pequenas bolas (Laddu)

Avaliação sensorial dos produtos desenvolvidos

A aceitabilidade do Laddu à base de cevada foi avaliada por 6 juízes utilizando uma escala de 9 pontos (*Ranganna, 1986*) para testar o gosto ou não gosto dos produtos desenvolvidos.

A avaliação foi efectuada por um painel semi-formado. Pediu-se aos membros do painel que registassem o nível de agrado ou desagrado, atribuindo notas a várias caraterísticas do produto. A média das notas atribuídas pelos membros do painel a cada parâmetro dos produtos foi calculada e considerada para comparar a aceitabilidade dos produtos.

Tabela 3.2:- Tabela de gradação Headonic de 9 pontos

S.N.	Grau	P ontuação
1	Como extremamente	9
2	Gosto muito	8
3	Como moderadamente	7
4	Como ligeiramente	6
5	Nem gosto nem não gosto	5
6	Não gosto ligeiramente	4
7	Não gosto moderadamente	3
8	Não gosto muito	2
9	Não gosto muito	1

Análise de dados :-

Os dados recolhidos foram analisados utilizando os seguintes métodos estatísticos

1. Frequência
2. Percentagem
3. Média aritmética
4. Desvio-padrão
5. Coeficiente de correlação

Frequência :- A frequência é definida como uma observação obtida através da contagem desse indivíduo nos dados fornecidos.

Percentagem :- O valor percentual é calculado para efetuar uma comparação simples.

$$Percentage = \frac{n}{N} X\ 100$$

n= número de inquiridos

N= Número total de observações

Média aritmética :-

A média aritmética é a média utilizada no presente estudo. A média aritmética de uma série é o valor obtido dividindo o valor total dos vários termos pelo seu número de observações.

$$Arithmetic\ mean = \frac{\sum n}{N}$$

Onde,

$\sum n =$ Soma do número total de observações

N= Número total de observações

$$Média\ aritmética\ percentual = \frac{\sum n}{N} X\ 100$$

Onde,

$\sum n$ = Soma do número de observações

N = Número de observações

$$Deficient\ percent = \frac{RDA\ nutrient\ intake}{RDA} X\ 10$$

Desvio padrão :-

$$Desvio\ padrão.\ D.) = \frac{\sqrt{\sum x^2 - \frac{\sum (x)^2}{n}}}{n-1}$$

Onde,

X = Uma observação ou valor de variante

N = Número total de observações

Coeficiente de correlação :-

Karl Pearson desenvolveu um coeficiente que pode medir o grau de relação ou associação. Este coeficiente é o *coeficiente de correlação* e é representado pelo símbolo *r*.

$$r = \frac{\sum xy}{\sqrt{\sum x^2 . \sum y^2}}$$

Onde,

x = variável um

y = variável dois

x^2 = quadrado da variável um

y^2 = quadrado da variável dois

Teste de significância :-

$$t = \frac{r\sqrt{n-2}}{\sqrt{1-r^2}}$$

$$Deficient\ percent = \frac{Deference}{Standard} X\ 100$$

Deferência = (Padrão - Média)

$$Deficient\ percent = \frac{RDA - Nutrient\ (average)}{RDA} X\ 100$$

4. RESULTADOS E DISCUSSÃO

Capítulo 4

RESULTADOS E DISCUSSÃO

Abdellah e Levine referiram que a interpretação dos dados tabelados pode esclarecer o verdadeiro significado das conclusões de um estudo.

Segundo **Kerlinger**, "a análise é a categorização, a ordenação, a manipulação e o resumo dos dados para obter uma resposta à questão de investigação".

As conclusões e inferências tiradas com base na análise, utilizando técnicas estatísticas pertinentes, foram apresentadas neste capítulo em relação aos objectivos específicos do estudo, a saber

- Desenvolver o produto.
- Avaliar a consciência nutricional da mulher grávida.
- Avaliar o estado nutricional da mulher grávida.
- Elaborar um folheto educativo de autocuidado para as mulheres grávidas.

As conclusões do presente estudo foram divididas e discutidas nas seguintes secções

Secção I: - Variáveis demográficas como a idade, o sexo, a educação, a religião, a origem, o rendimento, etc.

Secção II : - História obstétrica das grávidas

Secção III :- Hábitos alimentares das grávidas

Secção IV : - Práticas de segurança alimentar

Secção V :- Avaliação nutricional das grávidas

Secção VI : - Estilo de vida das mães grávidas

Secção VII :- Medidas antropométricas

Secção VIII : - Avaliação clínica

Secção IX: - Recordação alimentar de 24 horas

A descrição pormenorizada da secção é a seguinte

Secção I :-Descrição **dos dados sócio-demográficos das mulheres grávidas**

Esta secção representa a distribuição de frequências e percentagens das variáveis demográficas das mulheres grávidas.

Tabela 5.1:- Distribuição das mães grávidas segundo a idade

N=100

Faixa etária (anos)	Frequência	Percentagem
15-20	6	6.0
21-25	49	49.0
26-30	34	34.0
31-35	11	11.0
Total	100	100.0

A Tabela 5.1 mostra que a distribuição dos inquiridos de acordo com o grupo etário, no máximo 49,0% dos inquiridos pertenciam ao grupo etário dos 21-25 anos, enquanto 34,0% dos inquiridos pertenciam ao grupo etário dos 26-30 anos, 11,0% dos inquiridos pertenciam ao grupo etário dos 31-35 anos. 6,0 por cento dos inquiridos pertenciam ao grupo etário dos 15-20 anos.

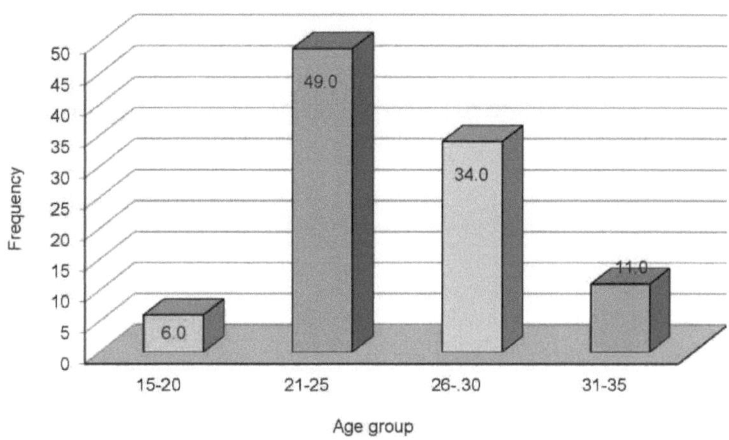

Figura 5.1: - Distribuição das mães grávidas segundo a idade

Pode concluir-se do quadro acima que o maior número de inquiridos pertencia à categoria dos 20 a 25 anos de idade.

Tabela 5.2:- Distribuição das mães grávidas de acordo com os antecedentes

N=100

Antecedentes	Frequência	Percentagem
Urbano	65	65.0
Rural	35	35.0
Total	100	100.0

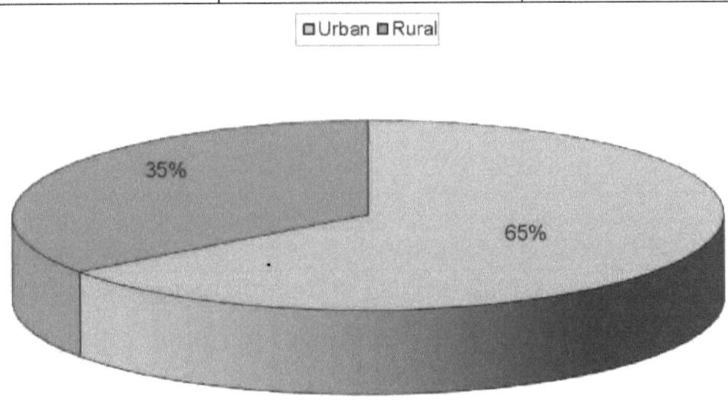

Figura 5.2: - Distribuição das mães grávidas segundo a origem

A Tabela 5.2 revela que 65,0% das inquiridas pertencem à zona urbana e 35,0% das mães grávidas pertencem à zona rural de residência.

Tabela 5.3: - Distribuição das mães grávidas segundo a religião

N=100

Religião	Frequência	Percentagem
Hindu	96	960
Sikh	3	30
Muçulmano	1	1.0
Total	100	100.0

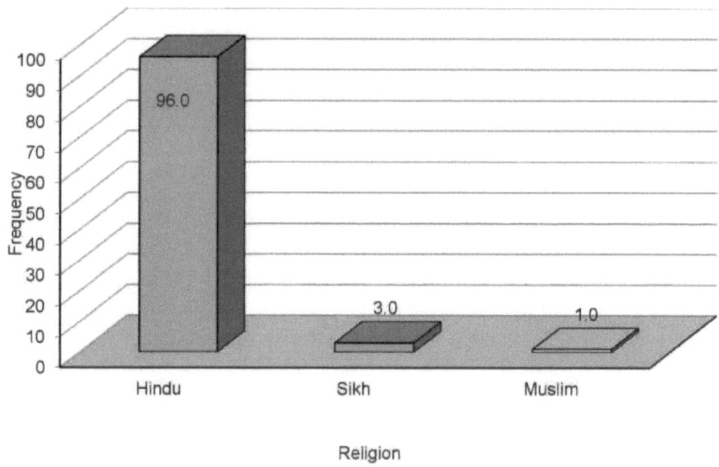

Figura 5.3: - Distribuição das mães grávidas segundo a religião

O quadro 5.3 revela que 96,0% dos inquiridos eram hindus e 3,0% eram sikh, sendo os restantes de religião muçulmana.

A análise mostra que a maioria das mães (96,0%) era hindu em comparação com outras religiões. Este facto pode estar associado ao valor nacional, uma vez que na Índia a percentagem de hindus é superior à de qualquer outra religião.

Tabela 5.4:-Distribuição das mães grávidas segundo a escolaridade

N=100

Educação	Frequência	Percentagem
Analfabeto	2	2.0
Médio	10	10.0
Ensino secundário	15	15.0
Intermediário	17	17.0
Graduação	34	34.0
Pós-graduação	22	22.0
Total	100	100.0

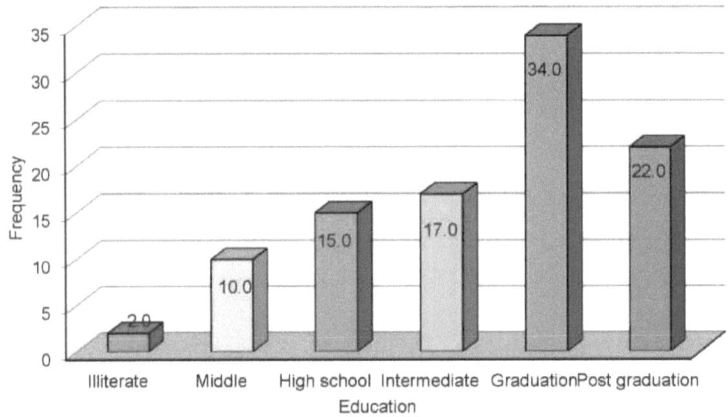

Figura 5.4 :- Distribuição das mães grávidas segundo as habilitações literárias

O resto da distribuição de acordo com a educação mostra que a educação é importante para a maioria das pessoas.

A tabela acima mostra claramente que um número menor de mulheres grávidas era analfabeta (2,0%). A maioria das mulheres grávidas tinha o ensino superior completo (34,0%) e 22,0% das mulheres grávidas tinham o ensino superior completo.

A literacia tem uma forte relação com a participação da comunidade na saúde e com o estado de saúde, a ocorrência de gravidez e o seu estado nutricional e de saúde podem estar associados ao nível de educação das mulheres.

Tabela 5.5:- Distribuição das mães grávidas segundo a profissão

N=100

Ocupação	Frequência	Percentagem
Serviço	3	3.0
Dona de casa	97	97.0
Total	100	100.0

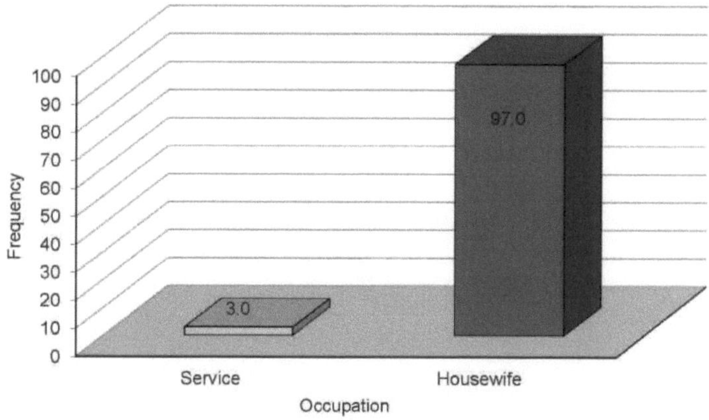

Figura 5.5: - Distribuição das mães grávidas segundo a profissão

A Tabela 5.5 mostra a distribuição da população estudada de acordo com a profissão. No grupo de estudo, a maioria das grávidas (97,0%) era dona de casa e as restantes 3,0% pertenciam ao grupo dos serviços.

Na eco-dinâmica de um país cultural como a Índia, a literacia e a profissão do marido desempenham um papel vital na participação da comunidade na saúde e na prestação de serviços de saúde. Sendo a sociedade dominada pelos homens, tem um impacto mais forte no estado nutricional e de saúde das mulheres grávidas e, indiretamente, no resultado da dependência.

Tabela 5.6: - Distribuição das mães grávidas segundo o tipo de família
N=100

Tipo de família	Frequência	Percentagem
Nuclear	69	69.0
Conjunto	31	31.0
Total	100	100.0

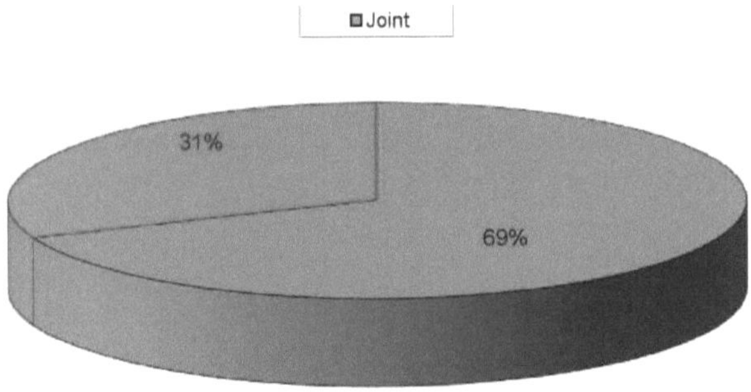

Figura 5.6 :- Distribuição das mães grávidas segundo o tipo de família

A tabela 5.6 mostra que, na sua maioria, 69,0% das mães grávidas pertencem a famílias monoparentais e 31,0% pertencem a famílias conjuntas. Isto pode dever-se a mudanças sociais recentes, em que o número de famílias nucleares está a aumentar.

A prestação de cuidados às mulheres grávidas e às crianças depende da família. A estrutura familiar indiana desempenha um papel muito importante neste domínio. Durante a gravidez, as mulheres precisam de apoio para o trabalho quotidiano e também para os seus cuidados. As famílias mistas estão a contribuir mutuamente para o referido apoio, uma vez que uma exige que a outra o cumpra e vice-versa. Este ecossistema das famílias indianas é muito benéfico para a prestação de cuidados às mulheres grávidas.

Tabela 5.7:-Distribuição da família das mães grávidas de acordo com Rendimento mensal

N=100

Rendimento mensal	Frequência	Percentagem
1000-10000	48	48.0
11000-20000	38	38.0
21000-30000	11	11.0
31000 e superior	3	3.0

Total	100	100.0

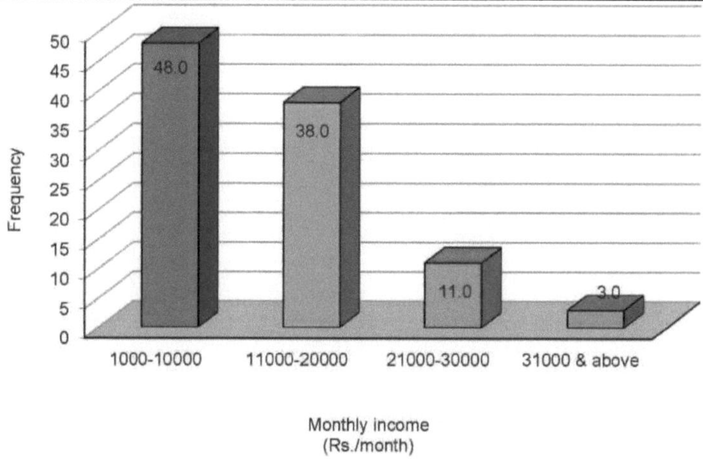

Figura 5.7 :- Distribuição das mães grávidas segundo o rendimento mensal

A Tabela 5.7 mostra a distribuição dos inquiridos de acordo com o rendimento mensal da família. A maioria dos inquiridos (48,0%) pertencia ao grupo de rendimentos 1000-10000, 38,0% pertenciam ao grupo de rendimentos 11000-20000, 11,0% pertenciam ao grupo de rendimentos 21000-30000 e os restantes pertenciam ao grupo de rendimentos superiores a 31000.

A situação económica é um fator comum importante para a obtenção de instalações e comodidades em todas as fases da vida e a economia é um recurso importante para o beneficiário de cuidados médicos e serviços de saúde. A economia é um recurso importante para quem recebe cuidados médicos e serviços de saúde.

Secção 2:- Descrição dos dados da história obstétrica das mulheres grávidas

Esta secção representa a frequência e a percentagem da distribuição dos dados da história obstétrica das mulheres grávidas.

Tabela 5.8:- Distribuição das mulheres grávidas segundo a Ordem de Gravidez

N=100

É o seu 1st gravidez	Frequência	Percentagem
Sim	58	58.0
Não	42	42.0
Total	100	100.0

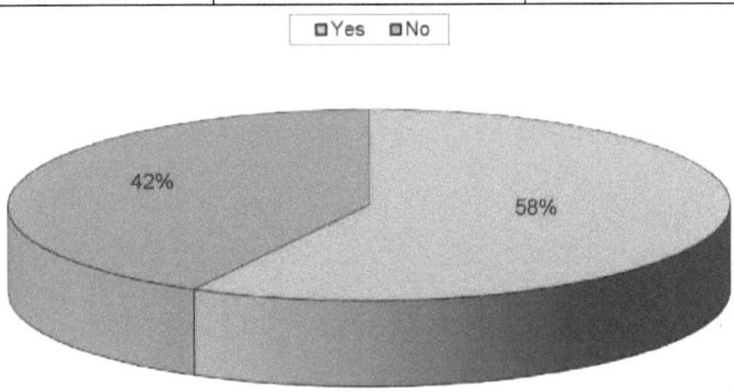

Figura 5.8: - Distribuição das mães grávidas de acordo com É a sua primeira gravidez

O quadro 5.8 mostra que 58,0% das mães grávidas estão a ter a sua primeira gravidez e 42,0% das mães grávidas estão a ter a sua segunda gravidez.

Cada gravidez é uma experiência única para as mulheres e cada gravidez que as mulheres experimentam será nova e singularmente diferente.

Tabela 5.9:- Distribuição das grávidas segundo o trimestre da gravidez

N=100

Trimestre da gravidez	Frequência	Percentagem
1ª	30	30.0
2.o	35	35.0
3ª	35	35.0

Total	100	100.0

A Tabela 5.9 mostra que 30,0% das mães grávidas pertencem ao 1st trimestre e 35-35% das mães grávidas pertencem ao 2nd e ao 3rd trimestre, respetivamente.

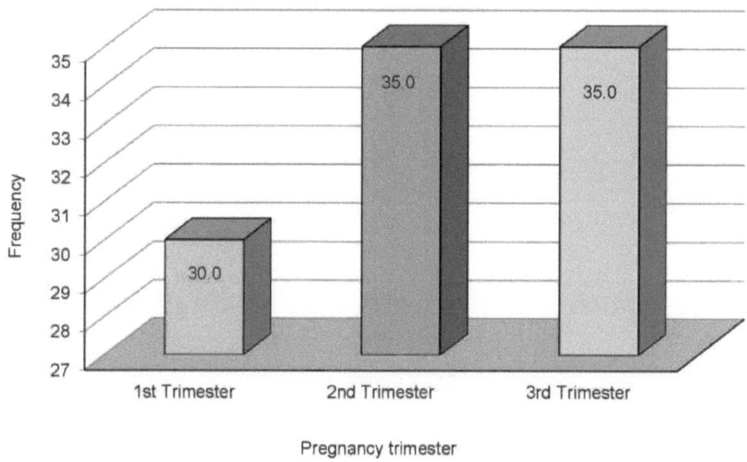

Figura 5.9 :- Distribuição das mães grávidas segundo o trimestre da gravidez.

Tabela 5.10:- Distribuição das mães grávidas de acordo com a toma de medicamentos durante a gravidez N=100

Tomar medicamentos	Frequência	Percentagem
Sim	35	35.0
Não	65	65.0
Total	100	100.0

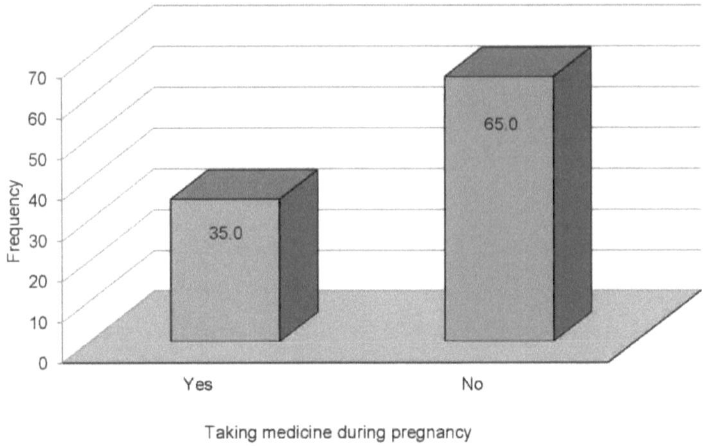

Figura 5.10 :- Distribuição das mães grávidas segundo a toma de medicamentos durante a gravidez.

Secção 3 :- Descrição dos dados relativos aos hábitos alimentares das grávidas

mulheres

Esta secção representa a frequência e a percentagem dos hábitos alimentares das mulheres grávidas.

Tabela 5.11:- Distribuição das mães grávidas segundo o hábito alimentar

N=100

Hábito alimentar	Frequência	Percentagem
Vegetariano	82	82.0
Não-vegetariano	18	18.0
Total	100	100.0

O quadro 5.11 apresenta pormenores sobre os hábitos alimentares das mães grávidas. A maioria das mães era vegetariana. Não consomem carne, aves e peixe. 82,0 por cento eram vegetarianas. O resto das mães eram não-vegetarianas, 18,0%.

Diferentes nutrientes têm a sua importância específica no metabolismo normal e alterado durante a gravidez. Ainda assim, o vegetarianismo é mais prevalente na comunidade. O estudo é uma evidência desta prática.

Na Índia, a dieta da maioria das pessoas baseia-se principalmente em cereais e em algumas quantidades razoáveis de legumes e vegetais e apenas uma pequena quantidade de leite, ovos e peixe.

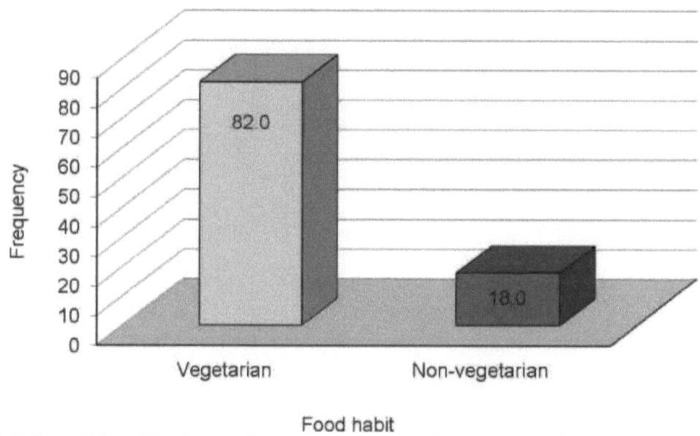

Figura 5.11 :- Distribuição das mães grávidas segundo o hábito alimentar

Secção 4:- Descrição das práticas de segurança alimentar dados de mulheres grávidas

Esta secção representa a frequência e a percentagem das práticas de segurança alimentar das mulheres grávidas.

Tabela 5.12:- Distribuição das mães grávidas segundo o uso de refrigerante na preparação dos alimentos

N=100

Utilização de refrigerante	Frequência	Percentagem
Sim	31	31.0
Não	69	69.0
Total	100	100.0

A Tabela 5.12 mostra que 69,0% dos inquiridos não utilizavam refrigerante na preparação de alimentos e os restantes 31,0% utilizavam refrigerante ao fazer Cholas, Rajmah, etc.

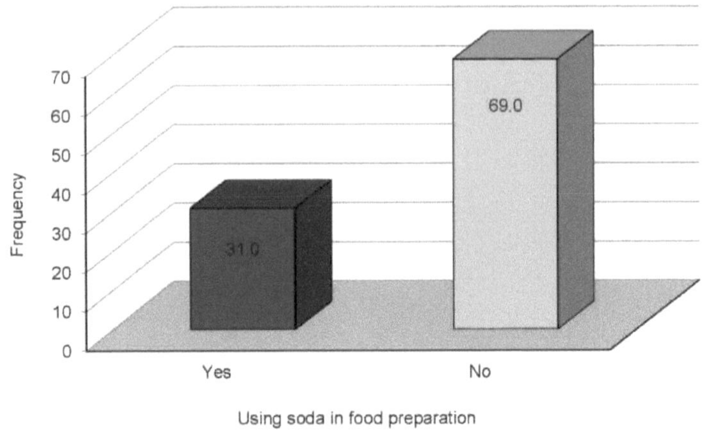

Figura 5.12 :- Distribuição das mães grávidas segundo a utilização de refrigerante na preparação dos alimentos

Tabela 5.13:- Distribuição das mães grávidas segundo o consumo de grãos germinados

N=100

Consumo de grãos germinados	Frequência	Percentagem
Sim	52	52.0
Não	48	48.0
Total	100	100.0

O quadro 5.13 apresenta pormenores sobre o consumo de grãos germinados. 52,0 por cento dos inquiridos consumiam grãos germinados, enquanto 48,0 por cento não consumiam grãos germinados.

Os grãos germinados são mais nutritivos, pois fornecem boas quantidades de vitaminas e fibras. São mais digeríveis e saborosos.

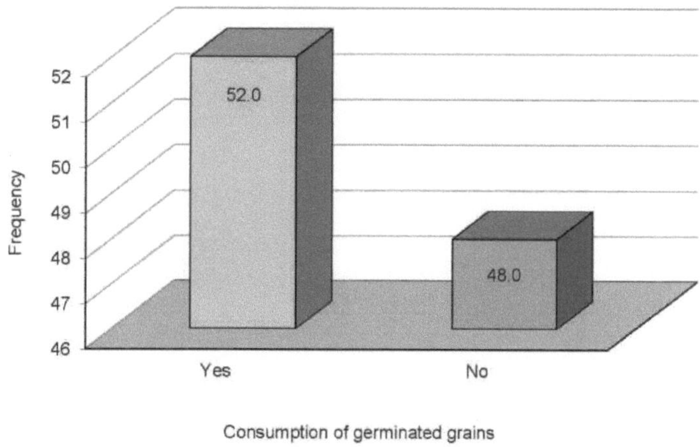

Figura 5.13 :- Distribuição das mães grávidas segundo o consumo de grãos germinados

Tabela 5.14:- Distribuição das mães grávidas segundo o modo de alimentação

N=100

Modo de comer alimentos	Frequência	Percentagem
Simples	84	84.0
Picante	16	16.0
Total	100	100.0

O quadro 5.14 revela que a maioria, 84,0% dos inquiridos, comia alimentos simples e os restantes comiam alimentos condimentados (16,0%).

O consumo de alimentos picantes pode afetar a saúde da mãe grávida e do feto e os alimentos muito picantes podem provocar problemas gastrointestinais, o que pode ser desconfortável para a mãe.

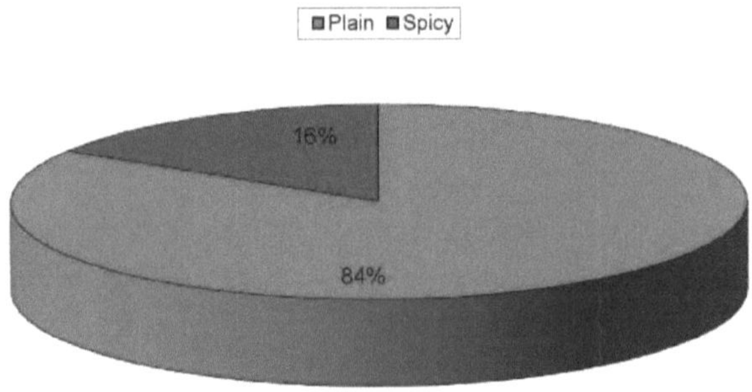

Figura 5.14 :- Distribuição das mães grávidas segundo o modo de alimentação

Secção 5:- Descrição dos dados relativos à consciência nutricional das mulheres grávidas

Esta secção representa a frequência e a percentagem da consciência nutricional das mulheres grávidas.

Tabela 5.15: - Distribuição das mães grávidas de acordo com os conhecimentos sobre nutrição

N=100

Sensibilização para a nutrição	Frequência	Percentagem
Sim	26	26.0
Não	74	74.0
Total	100	100.0

O quadro 5.15 apresenta pormenores sobre a sensibilização das mães grávidas para a nutrição. Apenas 26,0% das mulheres tinham conhecimentos sobre nutrição e a maioria das mulheres, 74,0%, não os tinha.

A nutrição é uma ciência da alimentação e da sua relação com a saúde. A nutrição refere-se ao alimento que sustenta a vida. A nutrição é mais importante durante a gravidez para o crescimento e desenvolvimento corretos do feto.

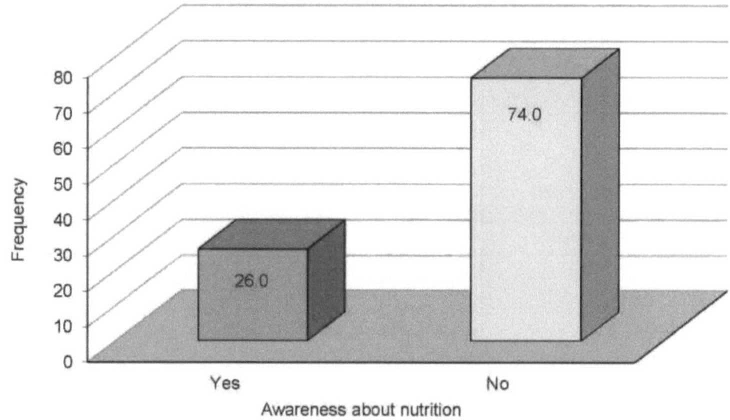

Tabela 5.16:-Distribuição das mães grávidas de acordo com o conhecimento sobre dieta equilibrada

Figura 5.15: - Distribuição das mães grávidas de acordo com os conhecimentos sobre nutrição

N=100

Sensibilização para uma alimentação equilibrada	Frequência	Percentagem
Sim	24	24.0
Não	76	76.0
Total	100	100.0

O quadro 5.16 mostra que menos mães grávidas tinham conhecimentos sobre uma dieta equilibrada e que o máximo de inquiridas (76,0%) não tinha conhecimentos sobre uma dieta equilibrada.

Um regime alimentar equilibrado é constituído por cinco grupos de alimentos de base, ou seja, cereais, leguminosas e legumes, leite e produtos à base de carne, frutos e produtos hortícolas, gorduras e óleos, em quantidades e proporções tais que as necessidades em calorias, proteínas, minerais, vitaminas e outros nutrientes sejam satisfeitas de forma adequada.

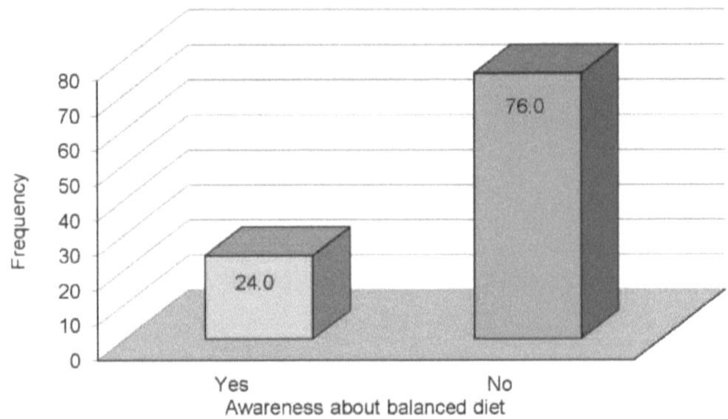

Figura 5.16: - Distribuição das mães grávidas de acordo com a sensibilização para uma alimentação equilibrada

Tabela 5.17:-Distribuição das mulheres grávidas de acordo com o conhecimento sobre o aumento de peso na gravidez

N=100

Sensibilização para o aumento de peso durante a gravidez	Frequência	Percentagem
Sim	36	36.0
Não	64	64.0
Total	100	100.0

A Tabela 5.17 revela que a maioria dos inquiridos não tem conhecimento do aumento de peso durante a gravidez (64,0%) e apenas 34,0% têm conhecimento.

Uma mãe grávida de termo ganha cerca de 10-15 kg de peso corporal e só uma dieta adequada pode fornecer os nutrientes necessários para um aumento de peso normal.

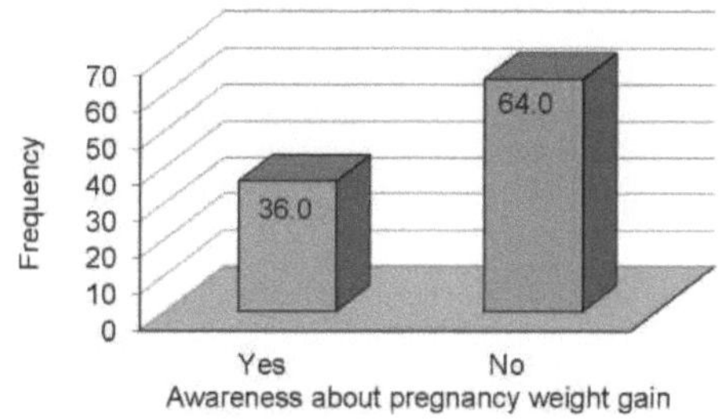

Figura 5.17: - Distribuição das mães grávidas de acordo com a sensibilização para o aumento de peso na gravidez

Tabela 5.18: - Distribuição das mulheres grávidas de acordo com o conhecimento sobre as DDR

N=100

Sensibilização para a RDA	Frequência	Percentagem
Sim	5	5.0
Não	95	95.0
Total	100	100.0

O quadro 5.18 apresenta pormenores sobre o conhecimento das mães grávidas em relação às DDR. 95,0% das mulheres grávidas desconheciam as doses recomendadas na dieta e apenas 5,0% conheciam as DDR.

Dose Diária Recomendada (DDR) dada pelo ICMR, que satisfaz as necessidades diárias de nutrientes de quase todos os indivíduos de uma população. A DDR de um indivíduo depende de muitos factores como a idade, o sexo, o trabalho físico e o stress fisiológico.

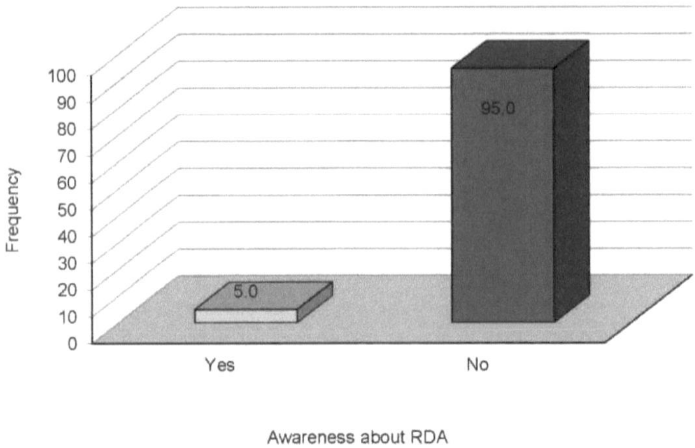

Figura 5.18: - Distribuição das mães grávidas segundo o conhecimento das DDR

Tabela 5.19:- Distribuição das mulheres grávidas de acordo com o conhecimento sobre hidratos de carbono, função, fontes, doença de deficiência

N=100

Sensibilização para os hidratos de carbono, função, fontes, doenças de deficiência	Frequência	Percentagem
Sim	27	27.0
Não	73	73.0
Total	100	100.0

A Tabela 5.19 revela que apenas 23,0% dos inquiridos tinham conhecimento dos hidratos de carbono, da sua função, das suas fontes e das doenças provocadas por deficiências e a maioria, 73,0%, não tinha conhecimento.

Os hidratos de carbono são um nutriente importante e constituem uma fonte económica e rápida de calorias. Os hidratos de carbono podem ser obtidos a partir de grãos de cereais, raízes e tubérculos, frutos secos, açúcar e apenas uma pequena quantidade de carne, aves de capoeira e peixe. A quantidade de hidratos de carbono numa dieta não deve ser superior a 70 por cento das necessidades calóricas diárias de uma pessoa.

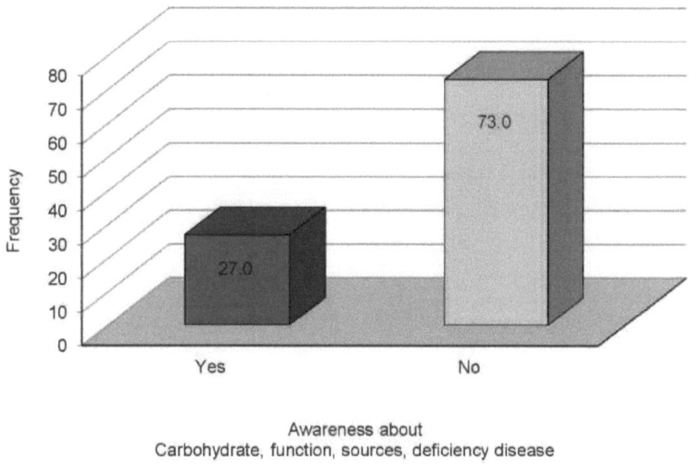

Figura 5.19: - Distribuição das mães grávidas de acordo com o conhecimento sobre hidratos de carbono, função, fontes, doença de deficiência

Quadro 5.20:-Distribuição das mães grávidas de acordo com o conhecimento sobre as proteínas, função, fontes, doença de deficiência

N=100

Sensibilização para as proteínas, função, fontes, doenças de deficiência	Frequência	Percentagem
Sim	30	30.0
Não	70	70.0
Total	100	100.0

A Tabela 5.20 mostra que 30,0% dos inquiridos tinham conhecimento das proteínas, da sua função, fontes e doenças de deficiência e a maioria dos 70,0% dos inquiridos não tinha conhecimento deste nutriente.

As proteínas são os principais constituintes dos músculos, órgãos e glândulas endócrinas. Todas as células vivas do nosso corpo contêm proteínas e são necessárias para o crescimento e manutenção de todas as células do nosso corpo.

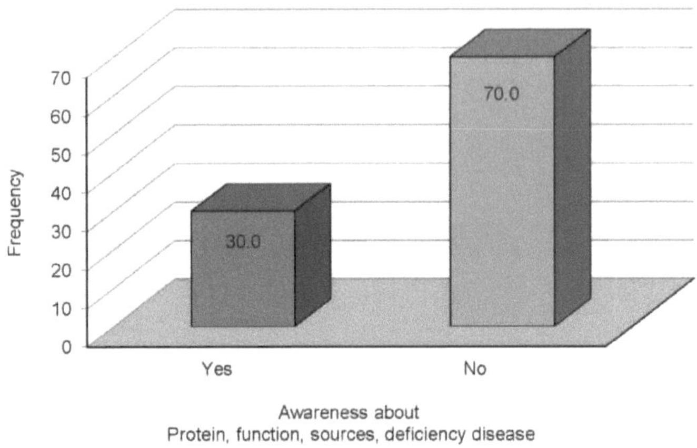

Figura 5.20: - Distribuição das mães grávidas de acordo com o conhecimento sobre as proteínas, função, fontes, doença de deficiência

Tabela 5.21:- Distribuição das mães grávidas de acordo com o conhecimento sobre Gordura, fontes de função, doença de deficiência

N=100

Consciencialização sobre a gordura, função, fontes, doença de deficiência	Frequência	Percentagem
Sim	28	28.0
Não	72	72.0
Total	100	100.0

A Tabela 5.21 mostra que a maioria dos inquiridos não tinha conhecimento sobre a gordura, fontes de função, doença de deficiência (72,0%) e apenas 28,0% têm conhecimento sobre a gordura.

A gordura fornece calor. Um grama de gordura fornece cerca de nove calorias.

O leite gordo, a carne de porco, as aves, os ovos e os frutos secos são fontes ricas de gordura.

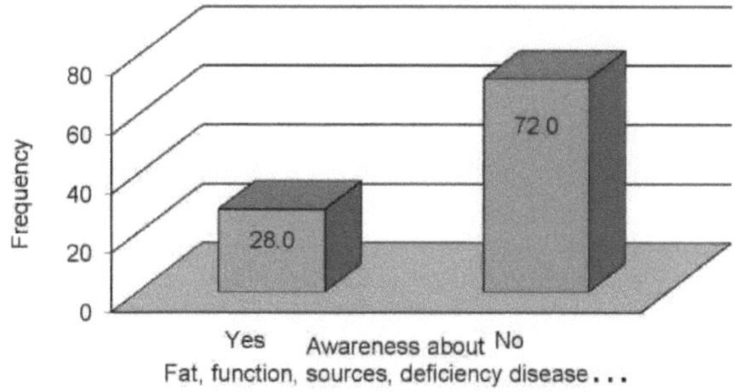

Figura 5.21 :- Distribuição das mães grávidas de acordo com o conhecimento sobre a gordura, função, fontes, doença de deficiência

Tabela 5.22:- Distribuição das mães grávidas de acordo com o conhecimento sobre a vitamina A

N=100

Sensibilização para a vitamina A	Frequência	Percentagem
Sim	22	22.0
Não	78	78.0
Total	100	100.0

A Tabela 5.22 mostra em pormenor que menos 22,0% dos inquiridos tinham conhecimento da vitamina A e a maioria dos inquiridos não tinha conhecimento desta vitamina, 78,0%.

A vitamina A está principalmente associada à visão e ao crescimento dos tecidos. As fontes mais ricas de vitamina A são os vegetais de folha amarela e verde e os frutos amarelos.

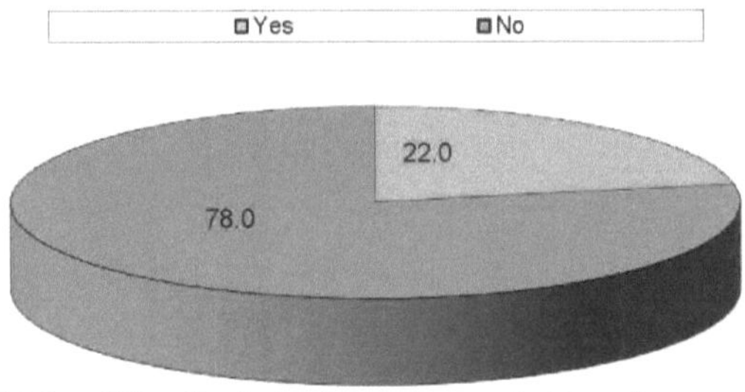

Figura 5.22 :- Distribuição das mães grávidas de acordo com o conhecimento sobre a vitamina A

Tabela 5.23:- Distribuição das mães grávidas de acordo com o conhecimento sobre as vitaminas do complexo B

N=100

Consciencialização sobre Vitamina do complexo B	Frequência	Percentagem
Sim	16	16.0
Não	84	84.0
Total	100	100.0

O quadro 5.23 revela que a maioria dos inquiridos 84,0 por cento não tinham conhecimento das vitaminas do complexo B e 16,0 por cento tinham conhecimento deste importante nutriente.

As vitaminas do complexo B são vitaminas solúveis em água. São elas a tiamina, a riboflavina, a niacina, a folacina, a piridoxina, a biotina, o ácido pantotónico e a cinocobalamina. Desempenham um papel importante na produção de energia no organismo.

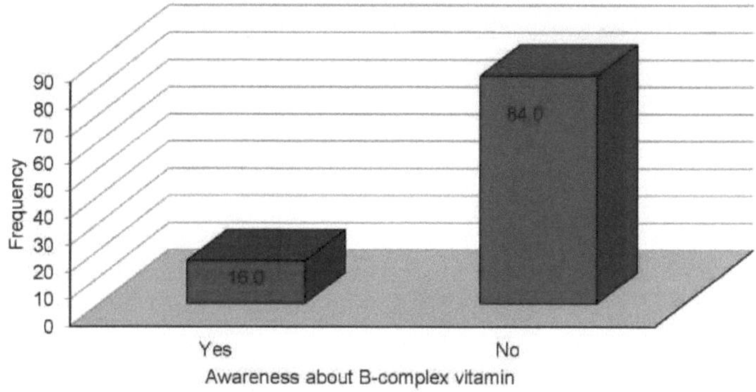

Figura 5.23 :- Distribuição das mães grávidas de acordo com o conhecimento sobre as vitaminas do complexo B

Quadro 5.24:- :- Distribuição das mães grávidas de acordo com sensibilização para a vitamina C, função, fontes, doença de deficiência

N=100

Sensibilização para a vitamina C, função, fontes, doença por deficiência	Frequência	Percentagem
Sim	31	31.0
Não	69	69.0
Total	100	100.0

O quadro 5.24 mostra que 31,0% dos inquiridos tinham conhecimento sobre a Vitamina C e 69,0% dos inquiridos não tinham conhecimento sobre a Vitamina C, a sua função, fontes e doença por deficiência.

A vitamina C é uma vitamina solúvel em água e necessária para construir e manter a matriz óssea, os dentes e o colagénio, além de ajudar na formação de hemoglobina e no desenvolvimento de glóbulos vermelhos. A deficiência de vitamina resulta numa doença chamada escorbuto - caracterizada por fraqueza, sangramento das gengivas e crescimento ósseo defeituoso - e encontra-se em todos os frutos e legumes frescos e nos seus sumos. Os legumes verdes frescos e os legumes para salada, como a couve, a alface, os espinafres, o amaranto e o pepino, contêm esta vitamina. Os citrinos (limões e laranjas), as bagas e os melões são particularmente ricos nesta vitamina. Os tomates e as batatas também contêm uma boa quantidade. A groselha (Amla) é uma das fontes mais ricas desta vitamina.

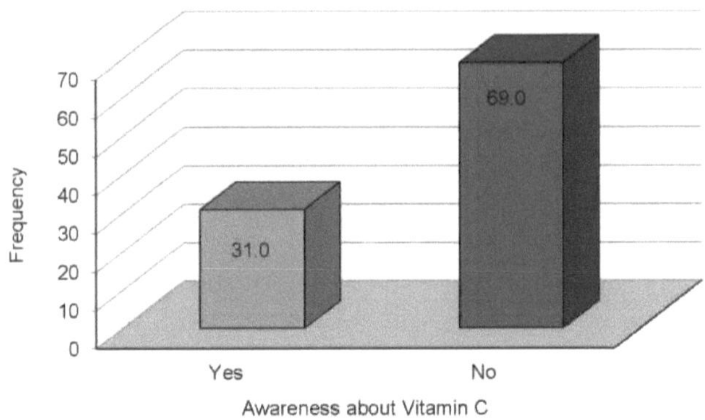

Figura 5.24:- Distribuição das mães grávidas de acordo com o conhecimento sobre a vitamina C, fontes de função e doença por deficiência

Tabela 5.25:- Distribuição das mães grávidas de acordo com o conhecimento sobre a vitamina D, função, fontes e doença por deficiência

N=100

Sensibilização para a vitamina D, função, fontes, doença de deficiência	Frequência	Percentagem
Sim	28	28.0
Não	72	72.0
Total	100	100.0

A Tabela 5.25 revela que 28,0% dos inquiridos tinham conhecimento da vitamina D e a maioria dos inquiridos não tinha conhecimento da vitamina D, das fontes e da doença por deficiência.

A vitamina D é formada pela ação dos raios ultravioleta do sol e é importante para a formação óssea e o desenvolvimento do feto. A gema de ovo, o peixe, o fígado, etc. são boas fontes de vitamina D.

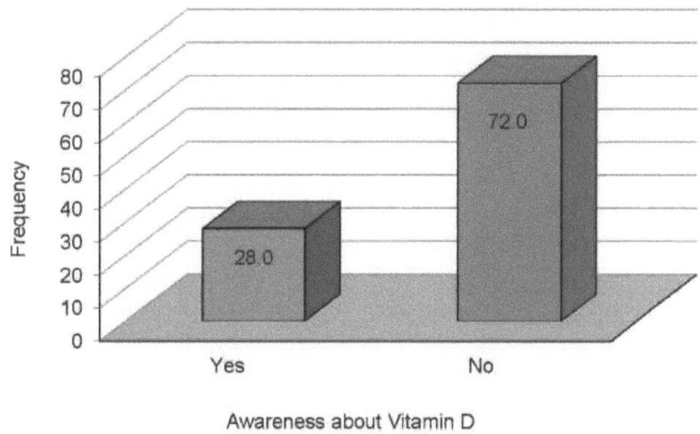

Figura 5.25:- Distribuição das mães grávidas de acordo com o conhecimento sobre a vitamina D, fontes de função e doença por deficiência

Tabela 5.26:- Distribuição das mães grávidas de acordo com o conhecimento sobre as vitaminas E e K

N=100

Sensibilização para a vitamina E e K	Frequência	Percentagem
Sim	24	24.0
Não	76	76.0
Total	100	100.0

A Tabela 5.26 mostra que apenas 24,0% dos inquiridos tinham conhecimento das vitaminas E e K e 76,0% não tinham conhecimento.

A vitamina E desempenha um papel importante na manutenção da estabilidade e integridade da membrana celular, enquanto a vitamina K desempenha um papel importante na coagulação do sangue. Um bebé prematuro é sensível à falta desta vitamina.

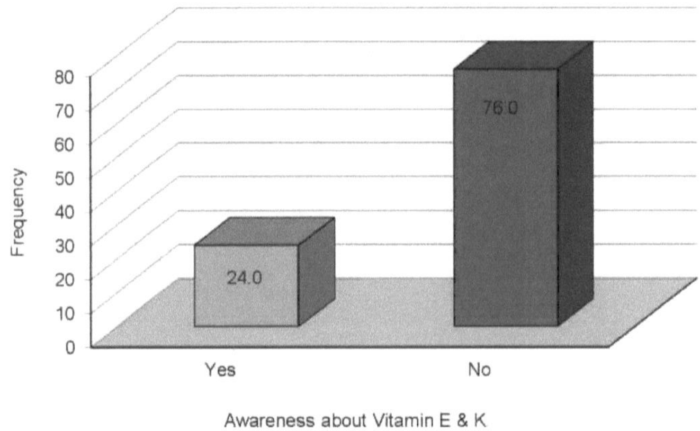

Figura 5.26: - Distribuição das mães grávidas de acordo com o conhecimento sobre a vitamina E e K

Tabela 5.27:- Distribuição das mães grávidas de acordo com o conhecimento sobre o cálcio

N=100

Sensibilização para o cálcio	Frequência	Percentagem
Sim	34	34.0
Não	66	66.0
Total	100	100.0

A distribuição das mulheres grávidas de acordo com o conhecimento sobre o cálcio, a tabela acima mostra que a maioria das inquiridas não tinha conhecimento (66,0%) e 34,0% tinham conhecimento sobre o cálcio.

O cálcio desempenha muitas funções no nosso corpo, mas a mais importante é a de conferir dureza aos ossos. As fontes ricas incluem o leite e os produtos lácteos e os vegetais de folha verde são boas fontes.

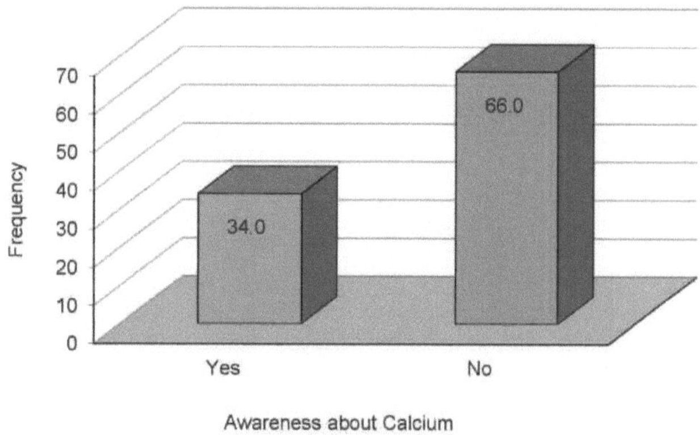

Figura 5.27:- Distribuição das mães grávidas de acordo com o conhecimento sobre o cálcio

Tabela 5.28:- Distribuição das mães grávidas de acordo com o conhecimento sobre o ferro

N=100

Sensibilização para o ferro	Frequência	Percentagem
Sim	35	35.0
Não	65	65.0
Total	100	100.0

A Tabela 5.28 mostra a distribuição das mães grávidas de acordo com o conhecimento sobre o ferro. 35,0 por cento das inquiridas têm conhecimentos sobre o ferro e a maioria, 65,0 por cento, não tem conhecimentos sobre o ferro.

O ferro é um nutriente essencial, mas é geralmente deficiente na dieta indiana. As mulheres sofrem de anemia mais do que os homens ou as crianças. As leguminosas, os frutos secos e os cereais integrais e triturados à mão, bem como os legumes de folha verde, são boas fontes.

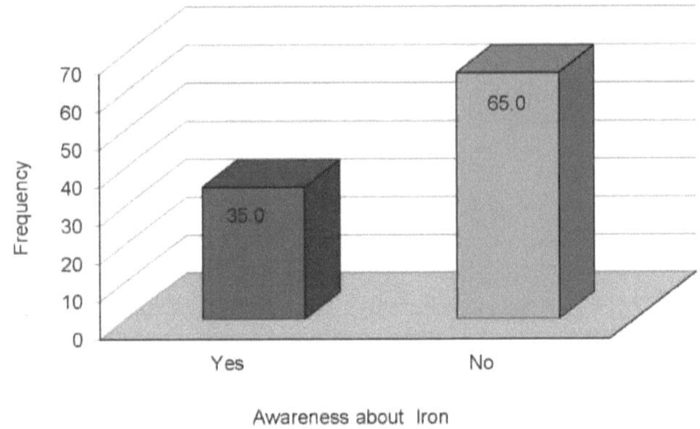

Figura 5.28:- Distribuição das mães grávidas de acordo com o conhecimento sobre o ferro

Tabela 5.29:- Distribuição das mães grávidas de acordo com o conhecimento sobre o nível normal de hemoglobina

N=100

Sensibilização para o nível normal de hemoglobina	Frequência	Percentagem
Sim	35	35.0
Não	65	65.0
Total	100	100.0

A Tabela 5.29 mostra que 35,0% dos inquiridos conheciam o nível normal de hemoglobina, mas, por outro lado, 65,0% não tinham conhecimento do nível normal de hemoglobina.

O nível normal de hemoglobina de uma mulher varia entre 12,0 e 15,5 g/dl.

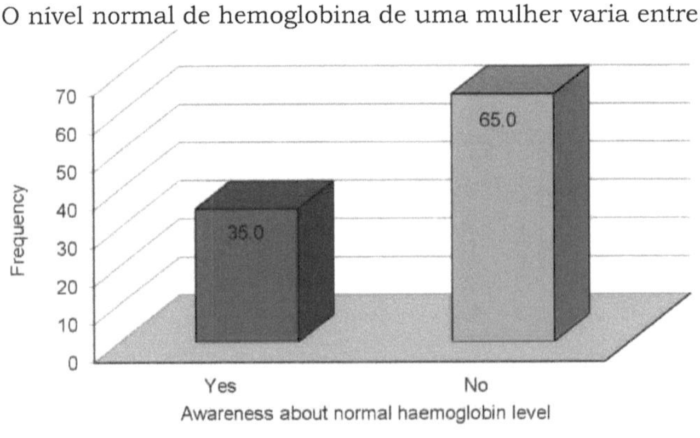

Figura 5.29: - Distribuição das mães grávidas de acordo com

Conhecimento do nível normal de hemoglobina

Tabela 5.30:- Distribuição das mães grávidas de acordo com o conhecimento sobre o iodo

N=100

Consciencialização sobre Iodo	Frequência	Percentagem
Sim	37	37.0
Não	63	63.0
Total	100	100.0

A Tabela 5.30 mostra a distribuição das mães grávidas de acordo com o conhecimento sobre o iodo: 37,0% das mães grávidas tinham conhecimento sobre o iodo e 63,0% não tinham conhecimento sobre o iodo.

O iodo é um oligoelemento necessário em quantidades mínimas para o nosso organismo. As mulheres grávidas são mais susceptíveis de sofrer de carência de iodo e os fetos, que não conseguem satisfazer a procura de iodo, sofrem de cretinismo.

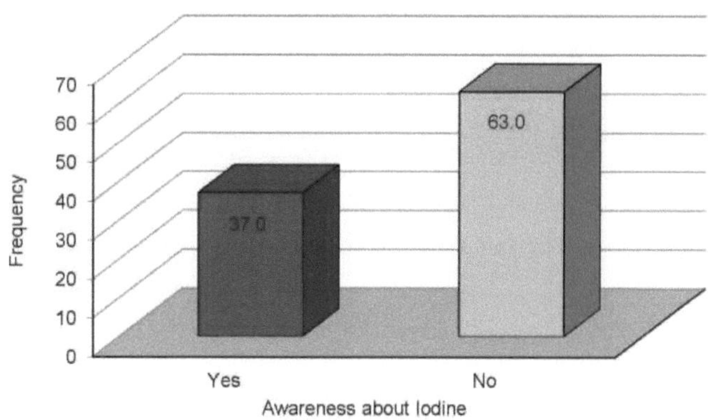

Figura 5.30 :- Distribuição das mães grávidas de acordo com o conhecimento sobre o iodo

Tabela 5.31:- Distribuição das mães grávidas de acordo com o conhecimento sobre fibras alimentares

N=100

Sensibilização para a fibra alimentar	Frequência	Percentagem
Sim	20	20.0
Não	80	80.0
Total	100	100.0

A Tabela 5.31 revela que 20,0% das mães grávidas conheciam a fibra alimentar e a maioria das inquiridas desconhecia a fibra alimentar (80,0%).

As fibras alimentares podem ser obtidas a partir de vegetais de folha verde, cereais e leguminosas. É importante durante a gravidez para prevenir a obstipação, que é mais frequente durante este período.

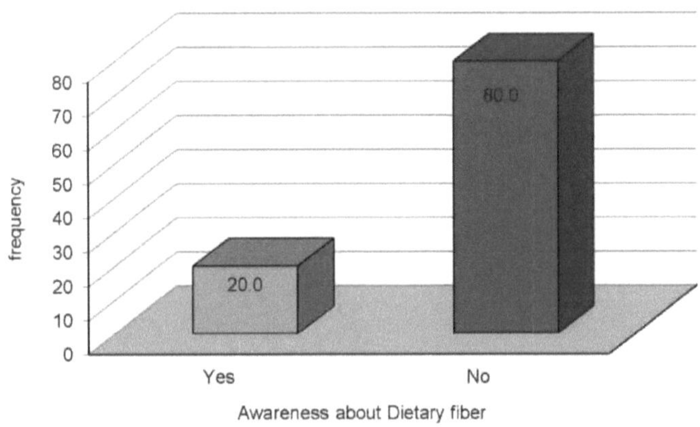

Figura 5.31 :- Distribuição das mães grávidas de acordo com o conhecimento da fibra alimentar

Tabela 5.32:- Distribuição das mães grávidas de acordo com o conhecimento sobre a água e a sua função

N=100

Sensibilização para Água	Frequência	Percentagem
Sim	77	77.0
Não	23	23.0
Total	100	100.0

A água só fica atrás do oxigénio na sua importância vital para o corpo.

É possível viver muito mais tempo sem comida do que sem água. A água é mais importante do que os alimentos.

A tabela 5.32 mostra que a maioria dos inquiridos, 77,0%, conhecia a importância da água e apenas 23,0% dos inquiridos desconheciam a importância da água no nosso corpo.

As frutas e os legumes contêm 80-90% de água, o leite contém 80-88%, a farinha, as bolachas e o pão contêm 5-35%, as carnes contêm cerca de 40-75% de água.

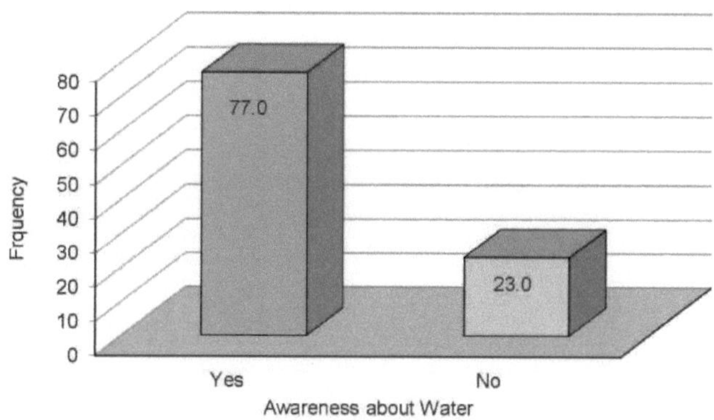

Figura 5.32: - Distribuição das mães grávidas de acordo com o conhecimento sobre a água e a sua função

Tabela 5.33:- Distribuição das mães grávidas de acordo com o conhecimento sobre as complicações relacionadas com a gravidez

N=100

Consciencialização sobre a gravidez - complicações relacionadas	Frequência	Percentagem
Sim	56	56.0
Não	44	44.0
Total	100	100.0

Menos complicações na gravidez, partos prematuros e bebés mais saudáveis resultam de uma boa alimentação da mãe antes da conceção.

A distribuição das mães grávidas de acordo com o conhecimento das complicações relacionadas com a gravidez, na tabela 5.33, mostra que 55,0% das mães tinham conhecimento das complicações durante a gravidez e 44,0% não tinham conhecimento.

A gravidez é um fenómeno fisiológico natural, mas mesmo com os melhores cuidados pré-natais podem surgir complicações. Os sinais de perigo importantes durante a gravidez são as hemorragias, a perda de movimentos fetais, o fraco aumento de peso, a tensão arterial elevada, o inchaço da face, dos braços e das pernas, etc.

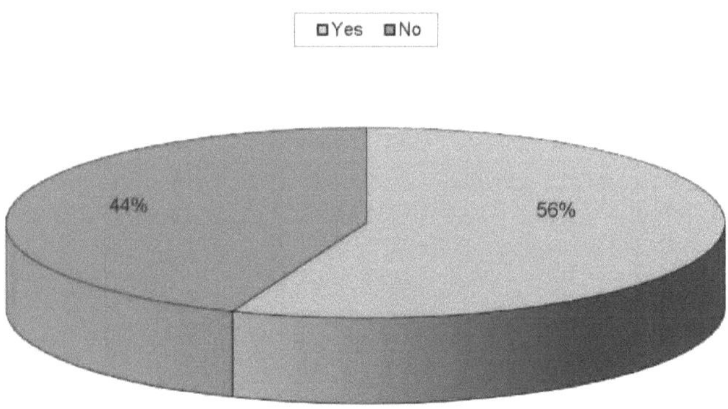

Figura 5.33: - Distribuição das mães grávidas de acordo com o conhecimento das complicações relacionadas com a gravidez

Secção 6:- Descrição dos dados relativos ao estilo de vida das mulheres grávidas

Esta secção representa a distribuição de frequências e percentagens do estilo de vida das mulheres grávidas.

Tabela 5.34:- Distribuição das mães grávidas segundo o WakeUp e o Sleeping

N=100

Acordar e dormir	Frequência	Percentagem
Sim	94	94.0

Não	6	6.0
Total	100	100.0

O Quadro 5.34 mostra que a maioria dos inquiridos (94,0%) acordava e dormia atempadamente e um número menor de inquiridos (6,0%) não acordava e dormia atempadamente.

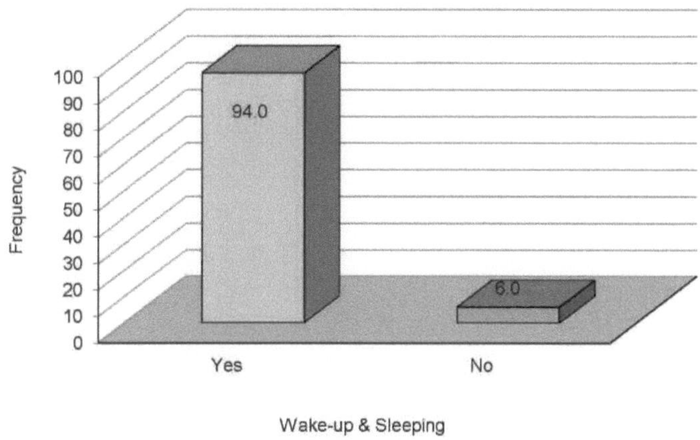

Figura 5.34: - Distribuição das mães grávidas de acordo com o facto de acordarem e dormirem

Tabela 5.35:- Distribuição das mães grávidas de acordo com o sexo Exercício

N=100

Fazer exercício	Frequência	Percentagem
Sim	2	2.0
Não	98	98.0
Total	100	100.0

A Tabela 5.35 revela que apenas 2,0% das inquiridas faziam exercício e a maioria das mães grávidas (98,0%) não fazia qualquer exercício.

Durante o período de gravidez, o exercício pesado deve ser evitado e o ioga, a meditação e o exercício ligeiro devem ser prioritários.

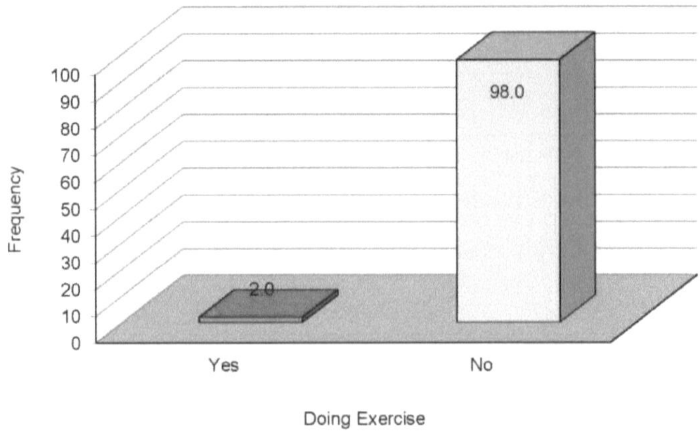

Figura 5.35:- Distribuição das mães grávidas segundo a prática de exercício físico

Tabela 5.36:- Distribuição das mães grávidas de acordo com Tomar o pequeno-almoço

N=100

Tomar o pequeno-almoço	Frequência	Percentagem
Sim	62	62.0
Não	38	38.0
Total	100	100.0

O Quadro 5.36 mostra que 62,0% dos inquiridos tomavam o pequeno-almoço e os restantes, ou seja, 38,0%, não o tomavam.

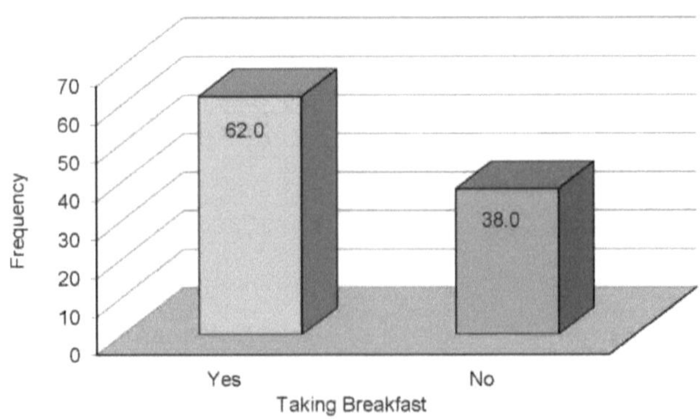

Figura 5.36 :- Distribuição das mães grávidas segundo a toma do pequeno-almoço

Tabela 5.37:- Distribuição das mães grávidas de acordo com Tomar o almoço e o jantar atempadamente

N=100

Tomar o almoço e o jantar atempadamente	Frequência	Percentagem
Sim	100	100.0
Não	0	0.0
Total	100	100.0

O quadro 5.37 apresenta pormenores sobre as mães grávidas que tomavam o almoço e o jantar atempadamente.

Durante o período de gravidez, é importante que a mãe grávida não salte as suas refeições principais e secundárias.

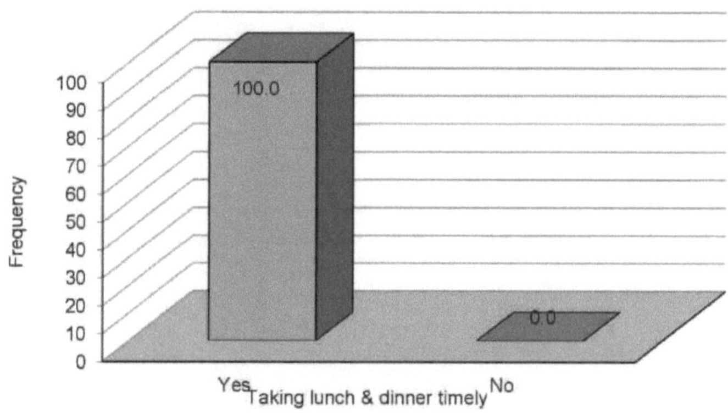

Figura 5.37 :- Distribuição das mães grávidas de acordo com o facto de tomarem o almoço e o jantar atempadamente

Tabela 5.38:- Distribuição das mães grávidas de acordo com o sexo Atividade do agregado familiar

N=100

Fazer a atividade doméstica	Frequência	Percentagem
Sim	94	94.0
Não	6	6.0

Total	100	100.0

A Tabela 5.38 mostra que 94,0% dos inquiridos, no máximo, realizavam actividades domésticas e apenas 6,0% das mães grávidas tinham um empregado a tempo inteiro em casa.

Fazer uma atividade doméstica ligeira em casa tem benefícios para facilitar o parto, uma vez que alonga os músculos.

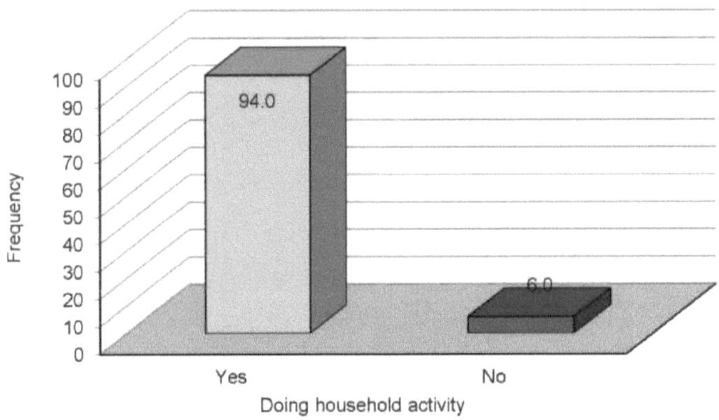

Figura 5.38 :- Distribuição das mães grávidas segundo a atividade do agregado familiar

Tabela 5.39:- Distribuição das mães grávidas de acordo com Ter servo

N=100

Ter servo	Frequência	Percentagem
Sim	11	11.0
Não	89	89.0
Total	100	100.0

O Quadro 5.39 indica que apenas 11,0% dos inquiridos têm um empregado e a maioria, 89,0%, não tem nenhum empregado para as suas actividades domésticas.

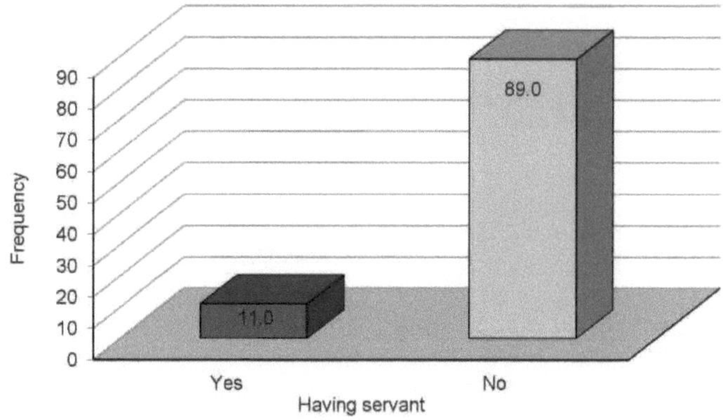

Figura 5.39 :- Distribuição das mães grávidas de acordo com o facto de terem servido

Tabela 5.40:- Distribuição das mães grávidas de acordo com Ter um eletrodoméstico

N=100

Ter um eletrodoméstico	Frequência	Percentagem
Sim	44	44.0
Não	56	56.0
Total	100	100.0

A Tabela 5.40 revela que apenas 44,0% dos inquiridos dispunham de aparelhos eléctricos domésticos para trabalhar, como máquina de lavar roupa, espremedor de sumos, etc., e 56,0% dos inquiridos não dispunham de aparelhos eléctricos.

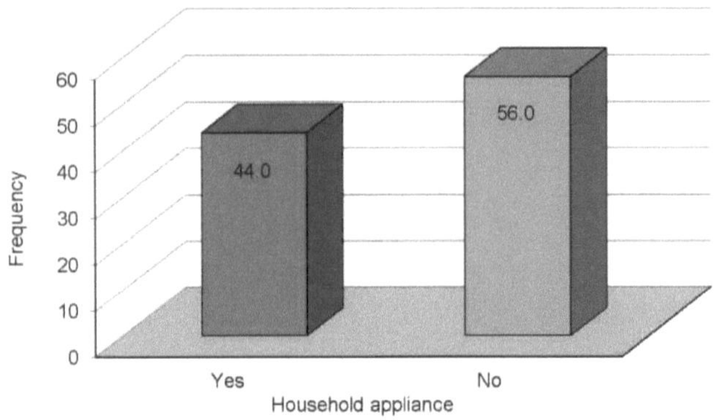

Figura 5.40 :- Distribuição das mães grávidas segundo a posse de electrodomésticos

Tabela 5.41:- Distribuição das mães grávidas de acordo com Tomar qualquer coisa antes de ir para a cama
N=100

Tomar qualquer coisa antes de ir para a cama	Frequência	Percentagem
Sim	27	27.0
Não	73	73.0
Total	100	100.0

A tabela 5.41 acima mostra a distribuição dos inquiridos de acordo com o facto de tomarem qualquer coisa antes de irem para a cama. 27,0% dos inquiridos tomavam qualquer coisa antes de irem para a cama. Na maioria dos casos, tomavam leite sozinho ou com açúcar mascavado ou com pó saudável e a maioria, 73,0%, não tomava nada antes de se deitar.

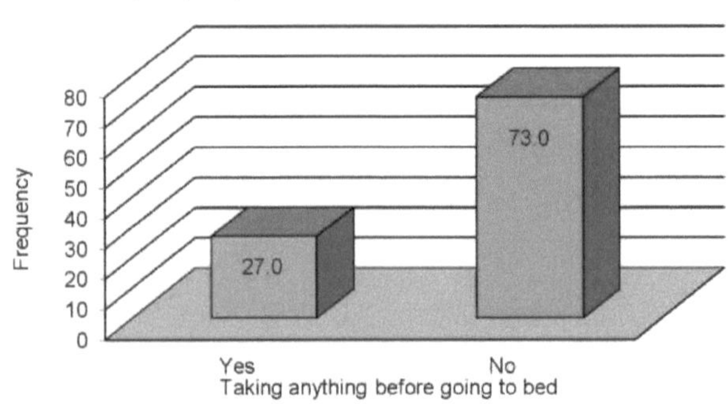

Figura 5.41 :- Distribuição das mães grávidas de acordo com Tomar qualquer coisa antes de ir para a cama

Tabela 5.42:- Distribuição das mães grávidas de acordo com Dependência (chá/café/tabaco/álcool)

N=100

Dependência (chá/café/tabaco/ Álcool)	Frequência	Percentagem
Sim	10	10.0
Não	90	90.0
Total	100	100.0

A Tabela 5.42 apresenta pormenores sobre o vício dos inquiridos; um mínimo de 10,0% dos inquiridos era viciado em chá e café. Normalmente, bebem 3-4 vezes chá ou café por dia e a maioria, 90,0%, não é viciada. Nenhuma mãe grávida era toxicodependente do tabaco e do álcool, devido à tradição indiana típica em que a dependência das mulheres é contrária às normas.

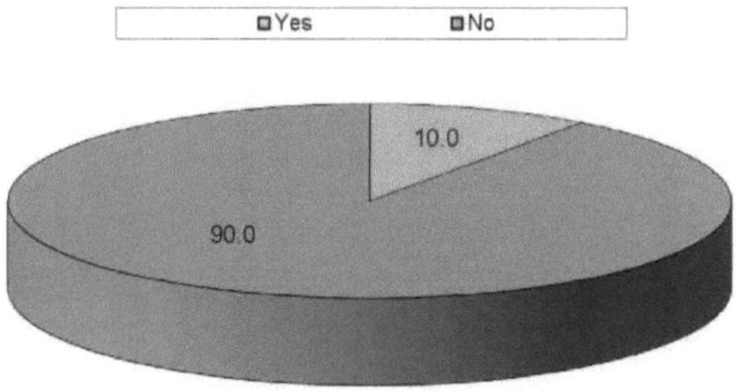

Figura 5.42 :- Distribuição das mães grávidas segundo o vício (chá/café/tabaco/álcool)

Secção 7:- Descrição dos dados relativos às medidas antropométricas das mulheres grávidas

Esta secção representa a média da Altura, do Peso e do IMC das mães grávidas.

Tabela 5.43:- Altura média (cm) das mães grávidas de acordo com o grupo etário

Faixa etária (anos)	Frequência	Percentagem	Altura média (cm)
15-20	6	6.0	154
21-25	49	49.0	156
26-30	34	34.0	155
31-35	11	11.0	153
Total	100	100.0	
r = -1.3			

A Tabela 5.43 mostra a altura média das mães grávidas de acordo com o grupo etário.

A maioria das mulheres, 49,0 por cento, tinha uma altura média de 156 cm. A altura média de 155 cm foi encontrada no grupo etário 26-30 e o grupo etário 31-35 tinha uma altura média de 153 cm, enquanto apenas 6,0% das mães grávidas tinham uma altura média de 154 cm. O valor do coeficiente de correlação é -1,3, o que não é significativo.

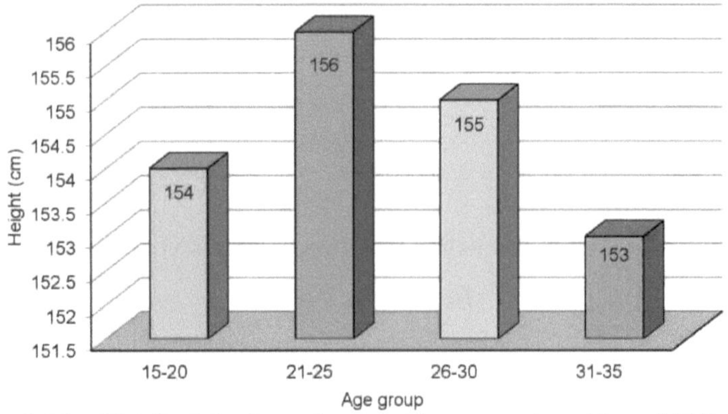

Figura 5.43:- Distribuição das mães grávidas segundo a Altura Média

Tabela 5.44:- Peso médio (kg) das mães grávidas de acordo com o grupo etário

Faixa etária (anos)	Frequência	Percentagem	Peso médio (kg)
15-20	6.0	6.0	52
21-25	49	49.0	57
26-30	34	34.0	57
31-35	11	11.0	67
Total	100	100.0	
r = 2.02			

A tabela 5.44 mostra que 49,0% das mulheres têm um peso médio de 57 kg. 34,0% e 11,0% das mães grávidas têm um peso médio de 57 kg e 67 kg, respetivamente. As grávidas com peso médio de 52 kg pertencem ao grupo etário dos 15 aos 20 anos. O valor do coeficiente de correlação é 2,02, que é superior ao valor tabelado (p>1,99) e, por conseguinte, provou ser significativo a um nível de significância de 5%.

As mães grávidas ganham peso durante o 2nd e o 3rd trimestre e o peso aumenta 10-15 kg durante todo o período. Pode ser uma simplificação grosseira, mas não é errado dizer que ela comeu realmente por dois, para si e para o seu filho. Vimos que ela precisa de mais calorias e proteínas.

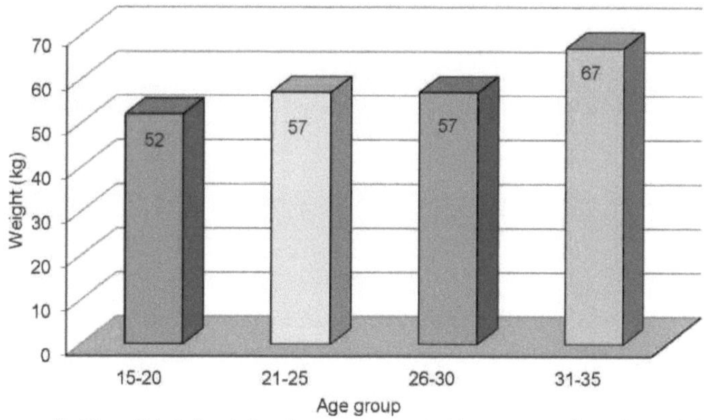

Figura 5.44 :- Distribuição das mães grávidas segundo o Peso Médio

Tabela 5.45:- IMC médio (kg/m^2) das mães grávidas de acordo com o grupo etário

Faixa etária (anos)	Frequência	Percentagem	IMC médio (kg/m^2)
15-20	6	6.0	20.99
21-25	49	49.0	22.84
26-30	34	34.0	22.94
31-35	11	11.0	24.19
Total	100	100.0	
r = 1.92			

A tabela 5.45 revela que o grupo etário dos 15 aos 20 anos tinha um IMC médio de 20,99 kg/m^2 . 49,0% das mães grávidas tinham um IMC de 22,84 kg/m2 e pertenciam ao grupo etário 21-25. O IMC de 22,94 kg/m^2 foi encontrado em média no grupo etário 26-30, enquanto 11,0 por cento das mulheres têm 24,19 kg/m^2 O IMC pertence ao grupo etário 31-35. O valor do coeficiente de correlação é de 1,92, o que não é significativo.

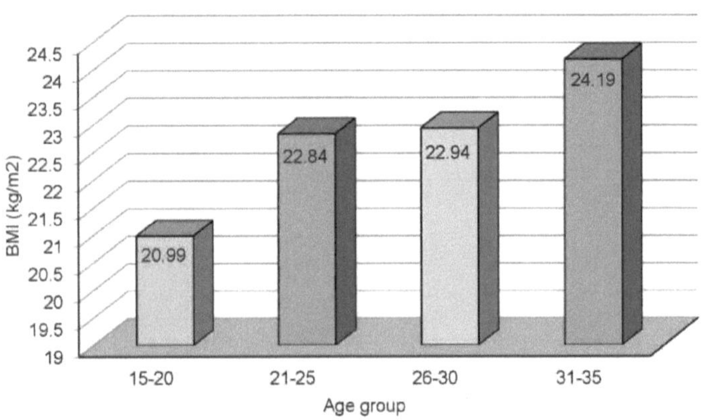

Figura 5.45 :- Distribuição das mães grávidas segundo o IMC médio

<u>Secção 8:- Descrição dos dados de avaliação clínica das mães grávidas</u>

Esta secção representa a frequência e a percentagem da avaliação clínica das grávidas.

Tabela 5.46:- Distribuição das mães grávidas segundo a avaliação clínica

N=100

s.n.	Avaliação clínica	Frequência	Percentagem
1.	Aspeto geral		
	Saudável	76	76.0
	Mal-estar	16	16.0
	Doente	9	9.0
2.	Cabelo		
	Normal	84	84.0
	Falta de brilho	5	5.0
	Fácil de depenar	6	6.0
	Fino e escasso	5	5.0
3.	Rosto		
	Normal	70	70.0
	Face da lua	5	5.0
	Pálido	25	25.0
4.	Olhos		
	Normal	100	100.0
5.	Lábios		
	Normal	88	88.0
	Fendas nos cantos	12	12.0
6.	Língua		
	Normal	100	100.0
7.	Dentes		
	Normal	72	72.0
	Esmalte com manchas	17	17.0
	Cáries	11	11.0
8.	Gomas		
	Normal	88	88.0
	Sangramento das gengivas	12	12.0
9.	Pele		
	Saudável	82	82.0
	Secura	18	18.0
10.	Unhas		
	Normal	82	82.0
	Fragilidade	18	18.0

- A observação visual do aspeto geral das mães grávidas revela que a maioria das mães grávidas (76,0 por cento) era saudável e 16,0 por cento não estavam bem e um número menor de mães grávidas (9,0 por cento) estava doente.

- A observação do cabelo revela que a maioria das mães grávidas tinha cabelo normal, tendo sido encontrado cabelo sem brilho em 5,0% das inquiridas. Os cabelos sem brilho eram secos e duros. Os cabelos fáceis de arrancar foram encontrados em 6,0% das grávidas. Os cabelos finos e esparsos foram encontrados em 5,0% das mulheres. Os sintomas de queda de cabelo eram comuns na maioria das mães grávidas.

- A tabela mostra que 70,0 por cento das mães grávidas estavam normais, 25,0 por cento das mulheres tinham a face pálida e menos 5,0 por cento tinham a face lunar. A palidez encontrada nas mulheres pode dever-se a um nível baixo de hemoglobina ou a algumas complicações menores.
- No estudo, verificou-se que 100,0% dos inquiridos não tinham queixas oculares. Os olhos foram considerados normais.
- A observação visual dos lábios das mães grávidas revela que a maioria das mães grávidas tinha lábios normais (88,0%) e 12,0% apresentavam fissuras nos cantos. Isto pode dever-se à deficiência de vitamina do complexo B riboflavina na dieta diária.
- A tabela acima revela que, no estudo, 100,0% dos inquiridos tinham uma língua normal. Nenhuma mulher grávida tem qualquer problema na língua.
- A observação visual dos dentes revela que a maioria das mães grávidas tinha dentes normais (72,0%). 17,0 por cento e 11,0 por cento das inquiridas apresentavam esmalte manchado e cáries, respetivamente.
- A observação visual do estado das gengivas das mães grávidas revela que um número muito elevado de inquiridas tem gengivas normais (88,0%) e 12,0% têm gengivas a sangrar.
- O quadro revela que a maioria das mães grávidas tinha uma pele saudável, 88,0%, enquanto 18,0% das mães grávidas tinham pele seca.
- A observação visual do estado das unhas das mães grávidas revela que a maioria das mães grávidas tinha unhas normais (82,0%) e 18,0% tinham unhas quebradiças.

Secção 9:- Descrição dos dados do registo alimentar de 24 horas das mulheres grávidas

Esta secção representa o consumo médio de calorias, proteínas, gorduras e ferro das mães grávidas.

Quadro 5.47:- Consumo médio de calorias das grávidas em comparação com a DDR

Faixa etária (anos)	Frequência	Percentagem	Consumo médio de calorias (kcal/dia)	DDR (kcal/dia)	Aumento (+) Diminuição (-)
15-20	6	6.0	1890	2175	-285
21-25	49	49.0	1698	2175	-477
26-30	34	34.0	1854	2175	-321
31-35	11	11.0	1780	2175	-395
Total	100	100.0	r = 0.66		

O quadro 5.47 acima mostra que as mulheres do grupo etário 15-20 consomem 1890 kcal/dia, 49,0% consomem 1698 kcal/dia no grupo etário 21-25, 1854 kcal/dia no grupo etário 26-30 (34,0%). 11,0 por cento das mulheres que consomem 1780 kcal/dia pertencem ao grupo etário dos 31-35 anos. O valor do coeficiente de correlação é de 0,66, o que não é significativo

O estudo revela que o consumo de calorias das mulheres grávidas era baixo em comparação com a DDR indicada pelo ICMR para as mulheres grávidas sedentárias.

O grupo de peritos em nutrição do ICMR (1989) recomendou uma dose suplementar de +300 kcal por dia durante o período de gravidez.

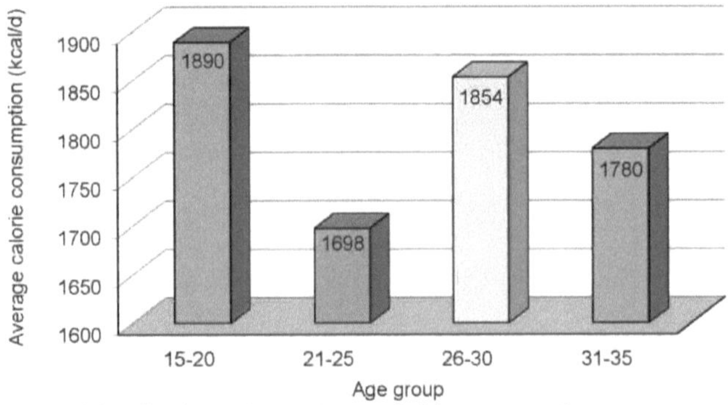

Figura 5.46 :- Distribuição das mães grávidas segundo o consumo médio de calorias

Tabela 5.48:- Consumo médio de proteínas das mães grávidas em em comparação com a DDR

Grupo etário	Frequência	Percentagem	Média Consumo de proteínas (g/dia)	DDR (g/dia)	Aumento (+) Diminuição ( )-
15-20	6	6.0	50.73	65	-14.27
21-25	49	49.0	47.43	65	-17.27
26-30	34	34.0	54.67	65	-10.33
31-35	11	11.0	48.97	65	-16.30
Total	100	100.0	r= 0.37		

A Tabela 5.48 mostra em pormenor que o grupo etário 15-20 consome 0,73 g de proteínas/dia, enquanto 49,0% das mulheres consomem 7,43 g de proteínas no grupo etário 21-25. O grupo etário 26-30 consome 54,67 g de proteínas (34,0 por cento). O resto do grupo etário consome 48,97 g de proteínas. O valor do coeficiente de correlação é de 0,37, o que não é significativo.

O quadro acima mostra que o consumo de proteínas pelas mães grávidas é inferior às recomendações. A necessidade total de proteínas é de 65 g durante a gravidez. Os alimentos ricos em proteínas estão amplamente presentes na natureza; de fontes animais e vegetais. As fontes animais são o fígado, a carne, o ovo e o leite e as fontes vegetais incluem as leguminosas, a soja e os frutos secos. Alguns estudos sugerem que a deficiência ou o desequilíbrio de aminoácidos essenciais na dieta pode produzir uma depressão profunda das respostas imunitárias.

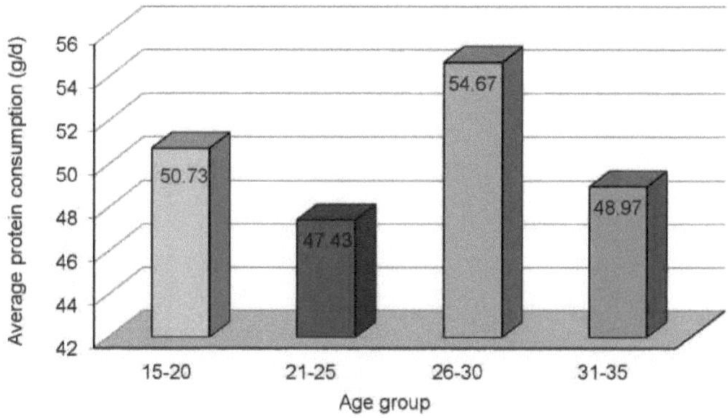

Figura 5.47:- Distribuição das mães grávidas segundo o Consumo médio de proteínas

Quadro 5.49:- Consumo médio de gordura das grávidas em comparação com a DDR

Faixa etária (anos)	Frequência	Percentagem	Consumo médio de gordura (g/dia)	DDR (g/dia)	Aumento (+) Diminuição ( )⁻
15-20	6	6.0	36.70	30	+6.70
21-25	49	49.0	48.94	30	+ 18.94
26-30	34	34.0	55.65	30	+25.65
31-35	11	11.0	53.44	30	+23.44
Total	100	100.0	r = 1.8		

O quadro 5.49 revela que 49,0% das mães grávidas consomem 48,94 g de gordura e que, no grupo etário dos 21-25 anos, 34,0% consomem 55,65 g de gordura. O grupo etário dos 31-35 anos consome 53,44 g de gordura e os restantes 6,0% consomem 36,70 g de gordura. O valor do coeficiente de correlação é de 1,8, o que não é significativo

O estudo mostra que o consumo de gordura das mães grávidas é superior ao valor recomendado. A norma ICMR recomenda 30 g de gordura durante a gravidez. A gordura está presente nos alimentos sob a forma visível ou invisível. Está presente em pequena percentagem nos cereais e leguminosas sob a forma invisível. A manteiga, o vanaspati, etc., de origem animal e os óleos (por exemplo, de amendoim, mostarda, coco, cártamo, etc.) de origem vegetal são as fontes visíveis.

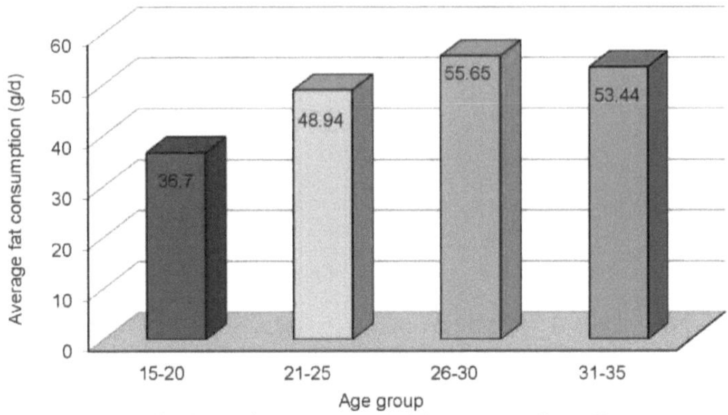

Figura 5.48:- Distribuição das mães grávidas segundo o Consumo médio de gorduras

Tabela 5.50:- Consumo médio de ferro das mães grávidas como em comparação com a DDR

Faixa etária (anos)	Frequência	Percentagem	Consumo médio de ferro (mg/dia)	DDR (mg/dia)	Incremento (+) Decremento ( )⁻
15-20	6	6.0	20.31	38	-17.69
21-25	49	49.0	21.24	38	-16.76
26-30	34	34.0	21.38	38	-16.62
31-35	11	11.0	35.36	38	-2.64
Total	100	100.0	r = 2.0:		

O quadro 5.50 mostra que a maioria das mães grávidas, 49,0%, consome 21,24 mg de ferro por dia e pertence ao grupo etário 21-25. 34,0% das mães pertencentes ao grupo etário 26-30 consomem 21,38 mg/dia. O grupo etário

31-35 consome 35,36 mg de ferro e 6,0 por cento das mães que pertencem ao grupo etário 15-20 consomem 20,31 mg de ferro. O valor do coeficiente de correlação é de 2,02, que é superior ao valor tabelado (p>1,99) e, por conseguinte, provou ser significativo. Era inferior à norma ICMR. A maioria das mulheres sofria de anemia por deficiência de ferro. O grupo de peritos em nutrição do ICMR recomendou uma dose suplementar de 8 mg/dia. Os legumes de folha verde (amaranto, folhas de colocasia, folhas de mostarda, leguminosas como a lentilha de soja, ervilha-de-corda, grama de Bengala torrada, cereais e painço (bajra, flocos de arroz) são fontes ricas de ferro. Entre os produtos de origem animal, o fígado é uma fonte alimentar rica.

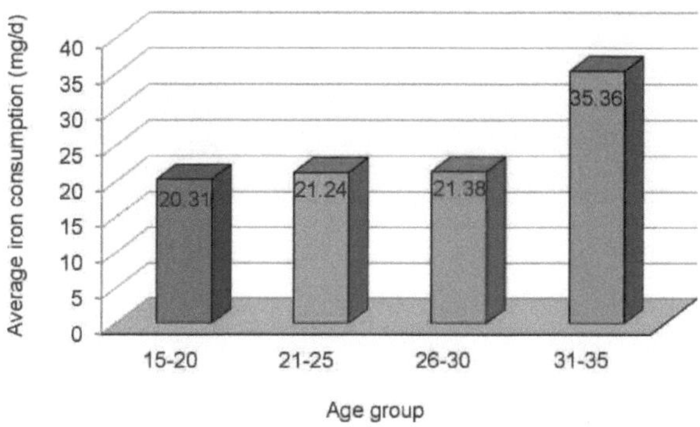

Figura 5.49:- Distribuição das mães grávidas de acordo com o consumo médio de ferro

Análise nutricional do Laddu de cevada

A análise nutricional do produto desenvolvido foi efectuada utilizando o valor nutritivo dos alimentos indianos, *C.Gopalan.* Cada laddu pesa 50 gm.

Quadro 5.51:- Teor de nutrientes do laddu de cevada (Valor em 100 g=2 laddu)

Nutriente	Montante
Energia	398,24 kcal
Proteína	7.19 g

Gordura	8.38 g
Hidratos de carbono	73.52 g
Ferro	17,38 mg
Cálcio	66,31 mg
Fibra	2.79 g

(Fonte:- Nutritive value of Indian Food, *C.Gopalan*)

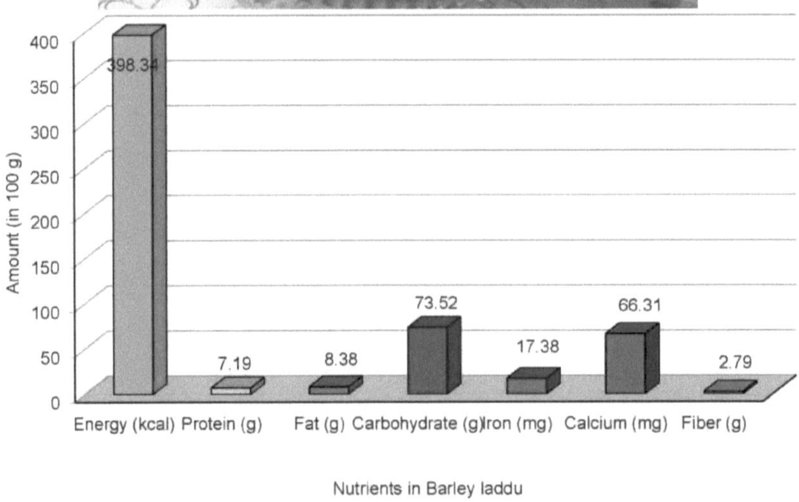

Figura 5.50:- Nutrientes no Laddu de cevada (por 100 g)

5. RESUMO E CONCLUSÃO

Capítulo V

RESUMO E CONCLUSÃO

O presente estudo compreende o estudo "***Desnutrição materna e necessidades nutricionais com receitas fortificadas***"

O objetivo do estudo era avaliar a consciência e o estado nutricional e desenvolver um produto nutritivo para as mães grávidas. As mães grávidas foram selecionadas aleatoriamente para o estudo. A dimensão da amostra do estudo foi de 100. O instrumento utilizado para o estudo é um questionário auto-estruturado. O Questionário Estruturado foi preparado para determinar o conhecimento das mães grávidas relativamente à nutrição.

Os dados recolhidos foram analisados estatisticamente e foram objeto de elucidação.

Principais conclusões do estudo

Distribuição dos inquiridos de acordo com a faixa etária, no máximo 49,0 por cento dos inquiridos pertenciam à faixa etária dos 21-25 anos, enquanto 34,0 por cento dos inquiridos pertenciam à faixa etária dos 26-30 anos, 11,0 por cento dos inquiridos pertenciam à faixa etária dos 31-35 anos. 6,0 por cento dos inquiridos pertenciam ao grupo etário dos 15-20 anos.

65,0 por cento dos inquiridos pertencem à zona urbana e 35,0 por cento das mães grávidas pertencem à zona rural de residência

96,0% dos inquiridos eram hindus e 3,0% eram sikh e os restantes eram de religião muçulmana. A análise mostra que a maioria das mães (96,0%) eram hindus em comparação com outras religiões. Este facto pode estar associado ao valor nacional, uma vez que na Índia a percentagem de hindus é superior à de qualquer outra religião.

Menos gestantes eram analfabetas (2,0 por cento). A maioria das gestantes tinha até a graduação (34,0 por cento) e 22,0 por cento das gestantes até a pós-graduação.

No grupo de estudo, a maioria das grávidas (97,0%) era dona de casa e as restantes 3,0% pertenciam ao grupo dos serviços.

A maioria das mães grávidas, 69,0 por cento, pertence a um único tipo de família e 31,0 por cento pertence a uma família conjunta. Isto pode dever-se a mudanças sociais recentes, em que o número de famílias nucleares está a aumentar.

A maioria dos inquiridos (48,0%) pertence ao grupo de rendimento 100010000, 38,0% ao grupo de rendimento 11000-20000, 11,0% ao grupo de rendimento 21000-30000 e os restantes ao grupo de rendimento superior a 31000.

58,0 por cento das mães grávidas têm a sua primeira gravidez e 42,0 por cento das mães grávidas têm a sua segunda gravidez.

30,0 por cento das mães grávidas pertencem ao 1st trimestre e 35-35 por cento das mães grávidas pertencem ao 2nd e 3rd trimestre, respetivamente.

35,0 por cento das grávidas tomavam medicamentos e a maioria, 65,0 por cento, não tomava medicamentos durante o período de gravidez. Devido a algumas complicações menores, o médico pode prescrever alguns medicamentos para curar a doença.

Na sua maioria, 82,0 por cento eram vegetarianas. O resto das mães eram não vegetarianas, 18,0 por cento.

69,0 por cento dos inquiridos não utilizavam refrigerante na preparação de alimentos e os restantes 31,0 por cento utilizavam refrigerante enquanto faziam Cholas, Rajmah, etc.

52,0 por cento dos inquiridos consumiam grãos germinados e 48,0 por cento não consumiam grãos germinados.

A maioria dos inquiridos (84,0%) comeu alimentos simples e os restantes comeram alimentos condimentados (16,0%).

Apenas 26,0 por cento das mulheres tinham conhecimento sobre nutrição e a maioria das mulheres 74,0 por cento não tinha conhecimento.

Menos mães grávidas tinham conhecimentos sobre uma dieta equilibrada e o máximo (76,0%) das inquiridas não tinha conhecimentos sobre uma dieta equilibrada.

A maioria dos inquiridos desconhecia o aumento de peso durante a gravidez (64,0 por cento) e apenas 34,0 por cento estavam conscientes.

95,0 por cento das mulheres grávidas desconheciam as doses

recomendadas na dieta e apenas 5,0 por cento conheciam a DDR.

Apenas 23,0% dos inquiridos tinham conhecimento sobre os hidratos de carbono, a sua função, fontes e doenças causadas por deficiências e a maioria, 73,0%, não tinha conhecimento.

30,0 por cento dos inquiridos tinham conhecimento sobre as proteínas, a sua função, fontes e doenças de deficiência e a maioria dos 70,0 por cento dos inquiridos não tinha conhecimento sobre este nutriente.

A maioria dos inquiridos não tinha conhecimento sobre a gordura, as fontes de função, a doença de deficiência (72,0 por cento) e apenas 28,0 por cento têm conhecimento sobre a gordura.

Menos 22,0 por cento dos inquiridos tinham conhecimento da vitamina A e a maioria dos inquiridos não tinha conhecimento desta vitamina, 78,0 por cento

A maioria dos inquiridos, 84,0 por cento, desconhecia as vitaminas do complexo B e 16,0 por cento tinham conhecimento deste importante nutriente.

31,0 por cento dos inquiridos tinham conhecimento sobre a vitamina C e 69,0 por cento dos inquiridos não tinham conhecimento sobre a vitamina C, a sua função, fontes e doença por deficiência

28,0% dos inquiridos tinham conhecimento sobre a vitamina D e a maioria dos inquiridos não tinha conhecimento sobre a vitamina D, fontes e doença por deficiência.

Apenas 24,0 por cento dos inquiridos tinham conhecimento das vitaminas E e K e 76,0 por cento não tinham conhecimento.

A maioria dos inquiridos não tinha conhecimento (66,0 por cento) e 34,0 por cento tinham conhecimento do cálcio.

35,0 por cento dos inquiridos têm conhecimento sobre o ferro e a maioria dos 65,0 por cento não tem conhecimento sobre o ferro.

35,0 por cento dos inquiridos conheciam o nível normal de hemoglobina, mas, por outro lado, 65,0 por cento não tinham conhecimento do nível normal de hemoglobina.

37,0 por cento das mães grávidas tinham conhecimento sobre o iodo e 63,0 por cento não tinham conhecimento sobre o iodo.

20,0 por cento das mães grávidas conheciam a fibra alimentar e a maioria das inquiridas desconhecia a fibra alimentar (80,0 por cento).

A maioria dos inquiridos, 77,0 por cento, conhecia a importância da água e apenas 23,0 por cento dos inquiridos desconheciam a importância da água no nosso corpo.

55,0 por cento das mães tinham conhecimento das complicações durante a gravidez e 44,0 por cento não tinham conhecimento.

A maioria dos inquiridos (94,0%) acordava e dormia atempadamente e menos inquiridos (6,0%) não acordavam e dormiam atempadamente.

2,0 por cento das inquiridas faziam exercício e a maioria das mães grávidas, 98,0 por cento, não fazia qualquer exercício.

62,0 por cento dos inquiridos tomavam o pequeno-almoço e o resto, ou seja, 38,0 por cento, não tomavam o pequeno-almoço.

100 % das mães grávidas estavam a tomar o seu almoço e jantar atempadamente.

No máximo 94,0% das inquiridas realizavam actividades domésticas e apenas 6,0% das mães grávidas tinham uma empregada a tempo inteiro em casa.

Apenas 11,0 por cento dos inquiridos tinham um empregado e a maioria, 89,0 por cento, não tinha nenhum empregado para a sua atividade doméstica.

Apenas 44,0% dos inquiridos tinham aparelhos eléctricos domésticos para trabalhar, como máquina de lavar roupa, espremedor de sumos, etc., e 56,0% dos inquiridos não tinham aparelhos eléctricos.

27,0 por cento dos inquiridos tomavam qualquer coisa antes de se deitarem. Na sua maioria, tomavam leite sozinho ou com açúcar ou com pó saudável e a maioria, 73,0%, não tomava nada antes de ir para a cama.

Um mínimo de 10,0% dos inquiridos eram viciados em chá e café. Normalmente, bebem 3-4 vezes chá ou café por dia e a maioria (90,0%) não é viciada. Nenhuma mãe grávida era viciada em tabaco e álcool.

A maioria das mulheres, 49,0 por cento, tinha uma altura média de 156 cm. A altura média de 155 cm foi encontrada na faixa etária de 26-30 anos e a faixa etária de 31-35 anos tinha altura média de 153 cm, enquanto apenas 6,0 por cento das mães grávidas tinham altura média de 154 cm.

49,0 por cento das mulheres têm um peso médio de 57 kg. 34,0 por cento e 11,0 por cento das mães grávidas tinham um peso médio de 57 kg e 67 kg, respetivamente. As mães grávidas com peso médio de 52 kg pertencem ao grupo etário 15-20.

O grupo etário 15-20 tinha uma média de IMC de 20,99 kg/m2. 49,0 por cento das mães grávidas tinham 22,84 kg/m2 O IMC pertence ao grupo etário 21-25. 22,94 kg/m2 de IMC foi encontrado em média no grupo etário 26-30, enquanto 11,0 por cento das mulheres têm 24,19 kg/m2 de IMC no grupo etário 31-35.

A observação visual do aspeto geral das mães grávidas revela que a maioria das mães grávidas (76,0 por cento) estava saudável e 16,0 por cento não estava bem e menos mães grávidas 9,0 por cento estavam doentes.

A observação do cabelo revela que a maioria das mães grávidas tinha cabelo normal, tendo sido encontrado cabelo sem brilho em 5,0% das inquiridas. Os cabelos sem brilho eram secos e duros. Os cabelos fáceis de arrancar foram encontrados em 6,0% das mulheres grávidas. Os cabelos finos e esparsos foram encontrados em 5,0% das mulheres. Os sintomas de queda de cabelo eram comuns na maioria das mães grávidas.

70,0 por cento das mães grávidas estavam normais, 25,0 por cento das mulheres tinham a face pálida e menos 5,0 por cento tinham a face lunar. A palidez encontrada nas mulheres pode dever-se a um baixo nível de hemoglobina ou a algumas complicações menores.

No estudo, verificou-se que 100,0% dos inquiridos não apresentavam queixas nos olhos. Eles foram considerados normais.

A observação visual dos lábios das grávidas revela que a maioria das grávidas tinha lábios normais (88,0 por cento) e 12,0 por cento apresentavam fissuras nos cantos. Isso pode ser devido à deficiência de vitamina do complexo B riboflavina na dieta diária.

A tabela acima revela que, no estudo, 100,0% dos inquiridos tinham uma língua normal. Nenhuma mulher grávida tem qualquer problema na língua.

A observação visual dos dentes revela que a maioria das mães grávidas tinha dentes normais (72,0%). 17,0 por cento e 11,0 por cento das inquiridas apresentavam esmalte manchado e cáries, respetivamente.

A observação visual do estado das gengivas nas mães grávidas revela que um número muito elevado de inquiridas tinha gengivas normais (88,0%) e 12,0% tinham gengivas a sangrar.

A maioria das mães grávidas tinha uma pele saudável, 88,0 por cento, enquanto 18,0 por cento das mães grávidas tinham pele seca.

A observação visual do estado das unhas nas mães grávidas revela que a maioria das mães grávidas tinha unhas normais (82,0%) e 18,0% tinham unhas quebradiças.

1890 kcal/dia foram consumidas por mulheres que pertencem ao grupo etário 15-20, 49,0 por cento das mulheres consomem 1698 kcal/dia pertencem ao grupo etário 21-25, 1854 kcal/dia consumidas pelo grupo etário 26-30 (34,0 por cento). 11,0 por cento das mulheres que consomem 1780 kcal/dia pertencem ao grupo etário dos 31-35 anos.

A faixa etária de 15 a 20 anos consome 50,73 g de proteína / dia, enquanto 49,0% das mulheres consomem 47,43 g de proteína na faixa etária de 21 a 25 anos. O grupo etário 26-30 consome 54,67 g de proteína (34,0 por cento). O resto da faixa etária consome 48,97 g de proteína.

49,0 por cento das mães grávidas consomem 48,94 g de gordura na faixa etária de 21 a 25 anos, 34,0 por cento consomem 55,65 g de gordura. O grupo etário 31-35 consome 53,44 g de gordura e os restantes 6,0 por cento consomem 36,70 g de gordura.

A maioria das mães grávidas, 49,0 por cento, consome 21,24 mg de ferro por dia, na faixa etária de 21 a 25 anos. 34,0 por cento das mães pertencem à faixa etária de 26-30 anos consomem 21,38 mg / dia. O grupo etário 31-35 consome 35,36 mg de ferro e 6,0 por cento que pertence ao grupo etário 15-20 consome 20,31 mg de ferro.

O laddu de cevada contém 398,24 kcal de energia, 7,19 g de proteína, 8,38 g de gordura, 73,52 g de hidratos de carbono, 17,38 mg de ferro, 66,31 mg de cálcio e 2,79 g de fibra por 100 g. Cada laddu pesa 50 g.

CONCLUSÃO

A adequação nutricional é fundamental para a sobrevivência do feto e das mães grávidas, para manter a saúde e o estado nutricional. As necessidades nutricionais das mães grávidas aumentam durante o período de gravidez. A subnutrição materna afecta a saúde das mães e das crianças e, consequentemente, tem grandes repercussões no desenvolvimento económico e social. As mulheres grávidas subnutridas correm riscos reprodutivos mais elevados, incluindo a morte durante ou após o parto. Muitas mulheres sofrem de uma combinação de carências energéticas crónicas, de um fraco aumento de peso durante a gravidez, de anemia e de outras carências de micronutrientes, bem como de infecções como o VIH e a malária. Estes factores, juntamente com cuidados obstétricos inadequados, contribuem para as elevadas taxas de mortalidade materna e para os maus resultados do parto. Após a observação do estudo, verificou-se que as mães grávidas apresentavam um consumo deficiente de calorias, proteínas, ferro e uma quantidade ligeiramente elevada de gorduras. A anemia por deficiência de ferro era predominante na maioria das mães, com base na estimativa do consumo de ferro.

A saúde da mulher está intimamente relacionada com o estado nutricional, mas há outras variáveis eco-sociais, como a literacia, o estatuto social e a higiene ambiental, que têm impacto na saúde das mães grávidas.

A gravidez é um período criativo, longo, muito especial e produtivo na vida de uma mulher e a experiência da mulher será nova e singularmente diferente. O importante é certificar-se de que a mulher ingere quantidades suficientes de alimentos normais para obter a quantidade necessária de proteínas e calorias. Se a dieta da mulher grávida for adequada, o peso do bebé à nascença também será satisfatório, porque as crianças saudáveis são a espinha dorsal do país.

"A gravidez é especial, vamos torná-la o mais segura possível".

6. BIBLIOGRAFIA

Capítulo-VI

BIBLIOGRAFIA

1. **Abdellah**. Better patient care through nursing research. London: The Mac Millan Company; 1965.
2. Comissão **nomeada pela ACC/SCN** sobre os desafios nutricionais do século XXI.
3. **Adele Pillitleri**. "Maternity And Child Health Nursing", care of the child bearing and child rearing family, , 4th edition, 2003, by Lippincott Williams and Wilkins , Philadelphia, Pg. no. 266-269.
4. **Adele Pillitteri**. Maternal and Child Health Nursing. 5th edition, Lippincott Williams and Wilkins publication, 2007: Philadelphia 233-280.
5. **Aden, E., Johansson, I., Haglin, L. (2007)**. Energia e nutrientes na dieta auto-relatada antes e na semana 18-22 da gravidez. Scandinavian Journal of Food and Nutrition; 51 (2): 67 -73.
6. **Alok Ranjan.** Maternal mortality in Madhya Pradesh (Mortalidade materna em Madhya Pradesh). The Journal of Family Welfare: dezembro de 1998; 44 (4): 55-60.
7. **Colégio Americano de Obstetras e Ginecologistas** (janeiro de 2013). "Ganho de peso durante a gravidez". *Obstet Gynecol 121:* 210-2.
8. **Anderson, S. A.** (2001). Pregnancy as a time for dietary change? Actas da Sociedade de Nutrição 60 (4)497 - 504.
9. **Anitha, P., Gupta, K. e Indira, R.** Outcome of pregnancies. Jornal da Associação Médica Indiana: maio de 1997; 95 (5): 127-8.
10. **Annamma Jacob A.** Comprehensive Text Book of Midwifery, 2nd edition, Jaypee Brothers Medical Publishers (P) Ltd,2005:106-119.
11. **Arthur, T. Evans, Wolters Kluwer.** "Manual of obstetrics", Lippincott, Williams and Wilkins, Philadelphia, 7th edition, 2007, Pg.No. 12-13.
12. **Ministério da Saúde e do Envelhecimento do Governo australiano** (2006). Healthy eating at various lifestyle : Pregnant women. (Acedido em 2007, 8 de maio).

13. **Awasthi, A., Thakur, R., Dave, A., Goyal, V.** Maternal and perinatal outcomes in cases of moderate and severe anaemia. Journal of Obstetrics and Gynaecology of India 2001;51(6):62-5.

14. **Azais-Braesco, V., Pascal, G**. Vitamin A in pregnancy: requirements and safety limits. Am. J. Clin. Nutr. 71(5 Suppl.),1325S-1333S (2000).

15. **Benett, R., Linda, K. Brown**. Myles Text book for Midwives. 12ª ed. Edinburgh: Churchill Living Stone; 1993.

16. **Beverley, Marilyn Evans, Elizabeth White.** Enfrentar as náuseas e os vómitos graves da gravidez. Nursing Research: 2002; 51 (5): 302-7.

17. **Bhutta, Z.A., Ahmed, T., Black, R.E. et al.** What works Interventions for maternal and child undernutrition and survival. Lancet 371(9610),417-440 (2008).

18. **Bo back Jenson**. "Maternity And Child Health Nursing", 5th edition, 1993, Mosby, London, Pg.No. 283-325.

19. **Bothwell, T. H. (2000).** Iron requirements in pregnancy and strategies to meet them. Am J Clin Nutr;72 (suppl) :257S- 64S

20. **Butte, N. F., Wong, W. W., Treuth, M. S., Ellis, K. J., Smith, E.O. (2004)** Energy requirements during pregnancy based on total energy expenditure and energy deposition. Am J Clin Nutr ;79:1078-87.

21. **C.S.Dawn,** "Textbook of Obstetrics", 14.ª edição, 2003, Dawn books, Calcutá, págs. 73-75.

22. **Centro de Controlo e Prevenção de Doenças (CDC) (2008).** "Uso de suplementos contendo ácido fólico entre mulheres em idade fértil - Estados Unidos, 2007". *MMWR Morb. Mortal. Wkly. Rep.* ***57*** (1): 5-8. PMID 18185493.

23. ***Chambers, C.D., Johnson, K.A., Dick, L.M., Felix, R.J., Jones, K.L.*** Maternal fever and birth outcome. Teratology: dezembro de 1998; 58 (6): 251-7. (citado em 21 de outubro) Resumo do URL: http://www.pubmed.com.

24. ***Chaudhary, V.P., Gupta, S., Gupta, M., Kashyap, R. e Saxena, R.*** Pregnancy associated aplastic anemia. Department of Hematology, AIMS, New Delhi: agosto de 2002; 7 (4): 233-8.

25. ***CIA World Fact book*** - 26 de julho de 2012.

26. ***Coppola, P.T., Coppola, M.*** Vaginal bleeding in the first 20 weeks of

pregnancy (Hemorragia vaginal nas primeiras 20 semanas de gravidez). Emergency Medical Clinician North America: agosto de 2003; 21 (3): 667-7. (citado em 8 de junho) Disponível em URL: http://www.pubmed.com

27. ***Cox, S. H., Staalsoe, T., Arthur, P., Bulmer, J.N., Tagbor, H., Hviid, L., Frost, C., Riley, E. M., Kirkwood, B. R. (2005).*** Suplementação materna de vitamina A e imunidade à malária durante a gravidez em primigestas ganesas. Tropical Medicine and International Health volume 10 no 12 pp 1286-1297.

28. **Datta, S., Alfa ham, M., Davies, D.P. et al.** Vitamin D deficiency in pregnant women from a non-European ethnic minority population - an interventional study. BJOG109(8),905-908 (2002).

29. **Dawn A Marcus**, MD dor de cabeça durante a gravidez, 29 de abril (2003).

30. **Departamento do Serviço de Assistência Social à Família**. Safe motherhood: Governo da Índia: 1997-1999; 94-9.

31. **Ministério da Saúde.** Política Nacional de População: Ministério da Índia; 2000.

32. **Derbyshire, E. (2007)**. A importância da ingestão adequada de líquidos e fibras durante a gravidez. Nursing Standard. 21, 24, 40-43.

33. **Derbyshire, E. (2008)**. Implicações do peso materno elevado durante a gravidez. *Nursing Standard.* 22,49,-46.

34. **Diane, M. Fraser Margaret A Copper.** Text book for Midwives, 14th edition, Churchill Livingstone publishers, 2004. 217-219

35. **Diane, M., Faser, M., Margaret, A., Cooper, Myles.** "Text Book for Midwives", 14th Edition, 2003, por Churchill living stone, Londres, Pg no. 216-219.

36. **Divisão de Saúde Reprodutiva.** Organização Mundial de Saúde. Maternidade segura: Mortalidade materna: Suíça; 1998(CH-1211).

37. **Dr. Rashmi Patil.** "Manual of Midwifery", (Practical & Theory), Byvora medical publications, Mumbai, First Edition, 2004, Pg.no.60-63.

38. **Eastwood, M. (1997).** Principles of Human Nutrition, Chapman and Hall, Londres p174, 328-330.

39. **Ekstrom, C. (2008)** Iron deficiency in pregnancy Naringsamnen vid

graviditet och amning Swedish Food Administration pp 41-49.
40. **Elliof, E. Philipp.** Obstetrics in General Practice, 21 de março, 749-752.
41. **Ezzati, M., Lopez, A.D., Rodgers, A., Murray, C.J.L.** Comparative quantification of health risks. Global and regional burden of disease attributable to selected major risk factors. OMS, Genebra, Suíça (2004).
42. **Comité de Alimentação e Nutrição, Instituto de Medicina.** Dietary reference intakes for energy, carbohydrate, fibre, fat, fatty acids, cholesterol, protein, and amino acids (macronutrients). Washington, DC: National Academy Press; 2005.
43. **Comité de Alimentação e Nutrição, Instituto de Medicina.** Dietary reference intakes for vitamin A, vitamin K, arsenic, boron, chromium, copper, iodine, iron, manganese, molybdenum, nickel, silicon, vanadium, and zinc. Washington, DC: National Academy Press; 2000.
44. **French, J.I. et. al.** Gestational bleeding bacterial vaginosis and common reproductive tract infection: risk for preterm birth. Journal of Obstetrics and Gynaecology: 1999; 93 (5): 715-24.
45. **Gadsy, R.** Doenças e sintomas da gravidez. Prof. Care mother child: 1994; 4(1): 16-7. (citado em 8 de junho) Disponível em URL: http://www.pubmed.com
46. **Gautam, V. P., Taneja, D. K., Sharma, N., Gupta, V. K., Ingle, G. K. (2008).** Dietary aspects of pregnant women in rural areas of Northern India (Aspectos alimentares das mulheres grávidas nas zonas rurais do Norte da Índia). Maternal and Child Nutrition, 4, pp. 86-94.
47. **Gita, R.** Being pregnant today, Health Action: fevereiro de 1998; 17-8.
48. **Gracemol.** A eficácia do módulo de auto-instrução sobre condições de alto risco relacionadas com a gravidez entre mães pré-natais num hospital de Mangalore: 2001.
49. **Grant, W. B., Holick, M. F. (2005).** Benefits and Requirements of Vitamin D for Optimal Health: A Review. Altern Med Rev; 10(2):94-111.
50. **Gunnarsdottir, I. (2008).** Vitamin D vid graviditet och amning Naringsamnen vid graviditet och amning Swedish Food Administration pp 3-6.
51. **Gupta, N.** Maternal Mortality: magnitude, causes and concerns

(Mortalidade materna: magnitude, causas e preocupações). Journal of obstetrics & Gynaec today: setembro de 2004; 9: 555-8.

52. **Harville, E. W., Schramm, M., Watt-Morse, M., Chantala, K., John J.B. Anderson, B. J., Irv Hertz-Picciotto, I. (2004).** Calcium intake during Pregnancy among White and African- Pregnant Women in the United States (Ingestão de cálcio durante a gravidez entre mulheres grávidas brancas e africanas nos Estados Unidos). Journal of the American College of Nutrition, Vol. 23, No. 1, 43-50.
doenças cardíacas e osteoporose. Am J Clin Nutr 79:362371.

53. **Hinze, Stephanie.** Anemia in pregnancy and pregnancy outcome. (Online) (citado em 5 de novembro) Disponível em URL: http://www.MCHabstracts.com

54. **Hofmeyr, G.J., Atallah, A.N., Duley, L.** Calcium supplementation duringpregnancyfor preventing distúrbios hipertensivos e problemas relacionados. Base de dados Cochrane Syst. Rev.3,CD001059 (2006).

55. **Holick, M. F. (2004).** Vitamina D: importância na prevenção de cancros, diabetes de tipo 1,

56. **Holick, M.F.** Resurrection of vitamin D deficiency and raquitismo. J. Clin. Invest.116(8),2062-2072 (2006).

57. **Huxley, R.R.** Nausea and vomiting in early pregnancy: its role in placental development. Journal of Obstetrics and Gynaecology; maio de 2000; 95 (5): 779-82.(citado em 8 de junho) Disponível em URL: http://www.pubmed.com

58. **Jarven, Allen Wilcox e Rolv T.** The interval between pregnancies and the risk of pre-eclampsia. New England Journal of Medicine: janeiro de 2002; 346(1): 33.

59. **Kalai, R., Kalavathi.** Como gerir os problemas alimentares durante a gravidez? Nightingale Nursing Times 2008;9-11.

60. **Kamau-Mbuthia, E., Elmadfa, I. (2007).** Qualidade da dieta de mulheres grávidas que frequentam uma clínica pré-natal em Nakuru, Quénia. Ann Nutr Metab 20;51:324-330.

61. **Kerlinger, F.N.** Foundation of behavioural research. 1.ª ed. Nova Iorque:

Appilton Centry Crafts; 1973.

62. **Klusmann, A., Heinrich, B., Stopler, H., Gartner, J., Mayatepek, E., Von Kries, R. (2005).** "Uma taxa decrescente de defeitos do tubo neural seguindo as recomendações para suplementação periconcepcional de ácido fólico". Ata Paediatr. 94 (11):1538-42.

63. **Kothari, C.R.** Research methodology: methods and techniques.2nd edition New Delhi: New age international (P) Ltd; 2004:31-9.

64. **Lacriox, R., Eason, E., Melzack, R.** Nausea and vomiting during pregnancy. American Journal of Obstetrics and Gynaecology: abril de 2000; 182 (4): 981-7. (citado em 8 de junho) Disponível em URL: http://www.pubmed.com.

65. **Makrides, M., Crowther, CA.** Magnesium supplementation in pregnancy (Suplemento de magnésio na gravidez). Cochrane Database Syst. Rev.4,CD000937 (2001).

66. **Martinez, M.L., Gracia, M.J., Caidas, L.F., Bermejo, Phinilla.** Febre alta materna durante a gestação. Revista Americana de Genética Médica: janeiro de 2001; 98 (2): 201-3.

67. **Mathai. M.** Improving Maternal and Child survival in India (Melhorar a sobrevivência materna e infantil na Índia). Indian Journal of Medical Resident: maio de 2005; 121: 624-7.

68. **Messina, V.K., Mangels, R., Messina, M.** The dietitian's guide to vegetarian diets: issues and applications. 2ª ed. Sudburg, Mass: Jones and Bartlett Publishers; 2004.

69. **Myles.** Maternity and women's health care, 9th edition, Mosby publications 467-495.

70. **Conselho Nacional de Saúde e Investigação Médica.** Nutrient references values for Australia and New Zealand: common wealth of Australia; 2006.

71. **Nightingale Nursing Times**, Volume 2, Número 10, janeiro de 2007.

72. **Recomendações Nórdicas de Nutrição (2004).** Integrating nutrition and physical activity Nord 2004:13 4th edition.

73. **Pal, Basker.** Maternal mortality in pre-eclampsia (Mortalidade materna na pré-eclâmpsia). The Journal of Obstetrics and Gynaecology of India (Jornal de Obstetrícia e Ginecologia da Índia): 1997; 42

(2): 11-7.

74. **Park, K.** Text book of Preventive and Social Medicine (Livro de texto de medicina preventiva e social). 17.ª ed. Jabalpur: Banarsidas Bhanots; 2002.

75. **Pathak, P., Kapil, U., Kapoor, K, S., Saxena, R., Kumar, A., Gupta, N., Dwivedis, N. S., Rajvir Singh, R., Singh, P. (2004).** Prevalência de carências múltiplas de micronutrientes entre as mulheres grávidas numa zona rural de Haryana Indian J Pediatr; 71 (11): 1007-1014

76. **Pei Fan Mu.** Maternal role transition during the first weeks of hospitalization for premature of the membranes. Revista Internacional de Estudos de Enfermagem: novembro de 2004; 41 (8): 825-2.

77. **Pitkin, M. R. (2007).** Folato e defeitos do tubo neural. Am J Clin Nutr ; 85(suppl):285S- 8S.

78. **Polit, Hungler.** Essential of Nursing Research. 6ª ed. Philadelphia: J.B. Lippincott Company; 1999.

79. **Power, H. J. (2003).** Riboflavina (vitamina B-2) e saúde1, 2 Am J Clin Nutr; 77:1352-60.

80. **Priti, A.** Clinical study of foetomaternal outcome in pregnant anaemic patients. Obstetrics & Gynaecology today: julho de 2004; 9 (7): 426-8.

81. **Prual, A., Borvier, H., Bernis, L., Breat, G.** Severe maternal morbidity from direct obstetric causes. Boletim da Organização Mundial de Saúde: 2000; 78 (5): 596-03.

82. **Pynaert, I., Matthys, C., Bellemans, M., S. De Henauw, S., De Backer, G (2005).** Iron intake and dietary source of iron in Flemish adolescents European journal of Clinical Nutrition (59)826-834.

83. **Quinla, J.D., Hill, D.A.** Nausea and vomiting of pregnancy (Náuseas e vómitos da gravidez).
American Family Physician: julho de 2003; 68 (1): 121-8. (citado em 8 de junho) Disponível em URL: http://www.pubmed.com

84. **Radhika, M.S. et al. (2002)**: Effect of vitamin A deficiency during pregnancy on maternal and child health. Journal of obstetrics and gynaecology, Índia. Vol. 109, pp 689-693.

85. **Rasmussen, K.** Is there a causal relationship between iron deficiency or iron-deficiency anemia and weight at birth, length of gestation and

perinatal mortality J. Nutr.131(2S- 2),590S-601S; discussion 601S-603S (2001).

86. **Renee, M.** Crichton, MD. Inchaço durante a gravidez, 7 de agosto de 2006.

87. Relatório sobre as tendências da mortalidade materna entre 1990 e 2010 divulgado pelo Fundo das Nações Unidas para a População (UNFPA), Organização Mundial de Saúde, Fundo das Nações Unidas para a Infância e Banco Mundial. 16 de maio de 2012.

88. **Maternidade segura**. Ação para a Saúde: abril de 1998.

89. **Scholl, T.O. (2005).** Iron status during pregnancy setting the stage for mothers and infant. Am J Clin Nutr 81 (suppl) 1228S-22S.

90. **Scholl, T.O., Johnson, W. G. (2000)**. Folic acid: influence on the outcome of pregnancy Am J Clin Nutr;71(5 Suppl):1295S-303S.

91. **Schroder, O., Stein J.** Vomiting in pregnancy (Vómitos na gravidez). MMW Fortshr Med (14610862) dezembro de 2002; 144 (50): 32-4. (citado em 8 de junho) Disponível em URL: http://www.pubmed.com

92. **Seshadri, S.** Prevalence of micronutrient deficiency particularly of iron, zinc and folic acid in pregnant women in South East Asia. Br. J. Nutr.85(Suppl. 2),S87-S92 (2001).

93. **Shimoni, Y., Shalev, F.** Pregnancy and complicated familial Mediterranean fever (Gravidez e febre mediterrânica familiar complicada). International Journal of Obstetrics and Gynecology (1976551) outubro de 1990; 33(2):165-9. (citado em 8 de junho) Disponível em URL: http://www.pubmed.com

94. **Sinha, R.N., Dasgupta, S., Pal D., Mandal, N.K., Karmakar, P.R.** Coverage of maternal care services in the state of West Bengal.Indian J Publ Health 2001 oct;45(4):116-121.

95. **Stabler, S. P, Allen, R. H. (2004).** A deficiência de vitamina B12 como um problema mundial Annu. Rev. Nutr. 2004. 24:299-326.

96. **Tamura, T., Picciano, M, F. (2006)**. Folato e reprodução humana. Am J Clin Nutr 2006;83:993-1016.

97. **Thaver, D. S., Bhutta, Z. A. (2006)**. Pyridoxine (vitamina B6) supplementation in pregnancy. Cochrane Database of Systematic Reviews 2006, Issue 2. Art. No.: CD000179. DOI:

10.1002/14651858.CD000179.

98. **The Journal of Family Welfare**; 1997: 42 (1); 2-5.

99. **Uauy, R., Peirano, P., Hoffman, D. et al**: Role of essential fatty acids in the function of the developing nervous system. Lipids 31: 167, 1996.

100. **Uauy-Dagach, R., Mena, P.**: Papel nutricional dos ácidos gordos ómega 3 durante o período perinatal. Clin Perinatol 2: 157, 1995.

101. Quadro Conceptual da UNICEF, modificado por Black et al., Lancet 2008.

102. **Grupo de Trabalho dos Serviços Preventivos dos EUA.** Folic acid for the prevention of neural tube defects (Ácido fólico para a prevenção de defeitos do tubo neural): Declaração de recomendação da U.S. Preventive Services Task Force. Ann. Intern. Med.150(9),626-631 (2009).

103. **Valbo, Bohmer.** Leg cramp during pregnancy and Management, 1999 June; 218-219.

104. **Carolyn de Varney, L. Gregor, Helen Varney, Jan M. Kriebs.** "Textbook of Midwifery". All India Publishers and Distributors Reg. Medical Book Publisher, New Delhi 4th Edition, 2005, Pg.No.591-599.

105. **Wadsworth, P. (1 de maio de 2007).** "Os benefícios do exercício na gravidez". *The Journal for Nurse Practitioners* **3** (5):333339. doi:10.1016/j.nurpra.2007.03.002.

106. **Watson, E. P., McDonald, W. B. (2008).** Major Influences on Nutrient Intake in Pregnant New Zealand Women (Principais influências na ingestão de nutrientes em mulheres grávidas da Nova Zelândia). Maternal Child Health J DOI 10.1007/s10995-008-0405-6.

107. "Ganho de peso durante a gravidez: Reexaminar as Diretrizes". InstituteofMedicine . 2009. http://www.iom.edu/Reports/2009/ Weight-Gain- During-Pregnancy-Reexamining-theGuidelines.aspx. Recuperado em 28 de novembro de 2010.

108. "Weight Gain During Pregnancy: Re-examining the Guidelines,ReportBrief". Instituto de Medicina http://iom.edu/Reports/2009/ Weight-Gain-During-

Pregnancy-Reexamining-the-Guidelines.aspx.Retrieved 29 July 2010.

109. **West, K. P., Katz, J., Khatry, S.K., LeClerq S. C., Pradhan, E. K., Shrestha, S. R. (1999).** Double blind, cluster randomised trial of low dose supplementation with vitamin A or *b-carotene* on mortality related to pregnancy in Nepal. BMJ: 318; 570-3.

110. **OMS.** Estratégia global para a alimentação de lactentes e crianças jovens. Genebra: Organização Mundial da Saúde; 2003.

111. **OMS/FFAO (2004).** Human vitamin and mineral requirement. Report of a joint FAO/WHO expert consultation Bangkok, Thailand 2nd Edition.

112. **Williamson, C.S. (2006).** Nutrition in pregnancy (Nutrição na gravidez). British Nutrition Foundation Nutrition Bulletin 31, 28-59.

113. **Wilson, Watson, Prescott, G., Sarah, Doris et al.** Hypertensive diseases of pregnancy and risk of hypertension and stroke in later life. British Medical Journal: abril de 2003; 326-45.

114. **Organização Mundial de Saúde, Organização das Nações Unidas para a Alimentação e a Agricultura.** Vitamin and mineral requirements in human nutrition (Necessidades de vitaminas e minerais na nutrição humana). 2.ª ed. Roma: Organização Mundial da Saúde e Organização das Nações Unidas para a Alimentação e a Agricultura; 2004.

115. **Yang, Savitz, D.A., Dole, N., Hartman, K.E., Herring, A.H., Olshan, A.F., et al.** Predictors of vagina bleeding during the first two trimesters of pregnancy. Paediatric Perinatal Epidemiology: julho de 2005; 19 (4): 276-3. (citado em 5 de agosto) Disponível em URL: http://www.pubmed.com.

Interação com mães grávidas

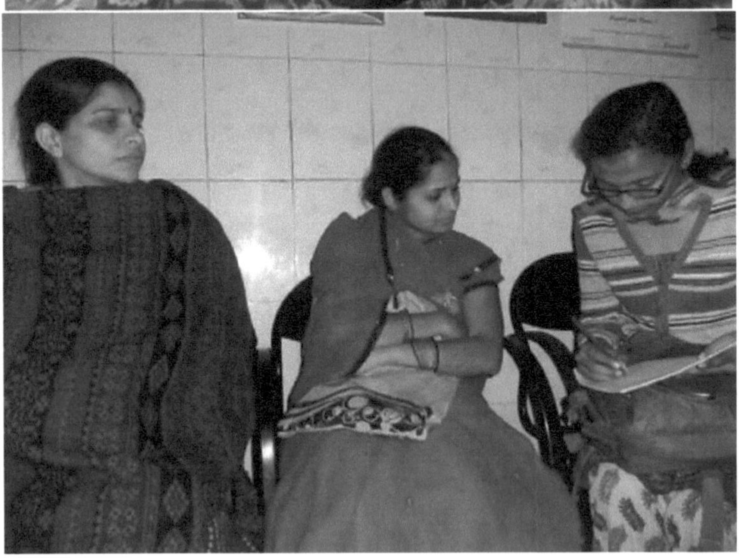

7. ANEXO I

Performa no.:- Data:- Hora:-

I. Informações gerais

Nome	
Idade	
Endereço	
Antecedentes	
Religião	
Casta	
Educação	
Ocupação	
Tipo de trabalho	
Rendimento	

Informações sobre a família

S.N.	Nome dos membros	Relação com o inquirido	Idade	Educação	Ocupação	Rendimento

II. História obstétrica

1. É a sua primeira gravidez ? Sim/Não

Em caso negativo,

mencionar: - Ordem de

nascimento..

- Número de filhos(as)..

2. Está a tomar algum medicamento ? Sim/Não

Em caso afirmativo, que medicamento está a tomar?

a) ....

b) ....

c) ....

3. Visita o médico regularmente para fazer um check-up ? Sim/Não

4. Tem alguma atenção especial à alimentação?

a) Frutos

b) Vegetais de folha verde

c) Leite e produtos lácteos

d) Frutos secos

e) Todas as anteriores

f) Nada muda

5. Quantas vezes toma refeições num dia inteiro?

a) 6-7 vezes

b) 4-5 vezes

c) 3-4 vezes

6. Durante a gravidez, comeu algum dos alimentos abaixo indicados

(a) Giz (b) Kulhad (c) Solo (d) Citrinos (e) Nenhum

III. Hábitos alimentares

1. És :-

- Vegetariano puro
- Não-vegetariano ----
- Ovo-vegetariano
- Lacto-vegetariano ----
- Lacto-ova vegetariana ----

IV. Práticas de segurança alimentar

2. Utiliza maioritariamente a panela de pressão para cozinhar? Sim/Não

3. Utiliza a panela de pressão para cozinhar porque...

a. Poupança de tempo/combustível

b. Menor perda de nutrientes

c. Gosto

d. Todas as anteriores

e. Nenhum deles

f. Não sabe

4. Utiliza um recipiente aberto durante a cozedura? Sim/Não

5. Tapa os utensílios depois de os cozinhar? Sim/Não

6. Utiliza frutos e legumes frescos? Sim/Não

7. Lava os legumes e a fruta antes de os cortar? Sim/Não

Em caso afirmativo, indicar os motivos...

8. Deita fora a água extra utilizada na preparação

como a cozedura de folhas verdes ou feijões ?

Sim/Não

Em caso negativo, indicar os motivos ....

9. Deita fora as folhas dos legumes, como as folhas da couve-flor? Sim/Não

10. Mergulha os frutos e legumes cortados em água? Sim/Não

11. Conhece o(s) efeito(s) da imersão de frutas e legumes cortados em água?Sim/Não

Se sim, o que é que sabe?..

12. Corta as frutas e os legumes em

a. Tamanho grandeb . Tamanho pequeno

13. Corta as frutas e os legumes em tamanho grande porque-

a. Não gosto do tamanho pequeno

b. É mais apelativo

c. Qualquer outro (especificar) ....

14. Cortas os frutos e os legumes em tamanhos pequenos porque-

a. Não gosto do tamanho grande

b. É mais apelativo

c. Qualquer outro (especificar) ....

15. Cozinhas os alimentos em lume forte?

Sim/Não

a. Apenas leguminosas secas ou feijão

b. Apenas produtos hortícolas

c. Ambos

16. Porque é que segue esta prática?

a. Sabor

b. Poupança de tempo

c. Outros (especificar) ....

17. Conhece o(s) efeito(s) nos alimentos quando cozinhados em lume forte? Sim/Não Se sim, o que é que sabe?...

18. Utiliza soda no fabrico de Cholas, Rajmah e outros feijões? Sim/Não Se sim, indique as razões ....

19. Conhece o(s) efeito(s) da utilização de refrigerante na preparação de alimentos? Sim/Não Se sim, o que é que sabe?..

20. Utilizou grãos germinados? ?

Sim/Não Em caso afirmativo, indicar os motivos....................................

21. Comes comida simples/picante/muito picante?

22. Conhece o(s) efeito(s) do consumo de alimentos picantes/muito picantes no seu corpo? ?

Sim/Não Se sim, o que é que sabe?...

23. Água que utiliza principalmente para cozinhar-

a. Água da torneira

b. Bomba manual

c. Desenhar bem

d. Outros (especificar)...

V. Consciência nutricional

1. Sabe o que é a nutrição ?

Sim/Não

Se sim, o que é que sabe?...

2. Sabes o que é uma alimentação equilibrada?

Sim/Não

Se sim, o que é que sabe...

3. Tem conhecimento das DDR (doses dietéticas recomendadas) prescritas para indivíduos?

Sim/Não

Se sim, o que é que sabe?...

4. Sabes quanto é que uma mulher ganha de peso durante a gravidez?

a. 5-10 kg

b. 11-15 kg

c. 16-20 kg

d. 21-25 kg

e. Não sabe

5. Sabias que, durante a gravidez, as necessidades nutricionais de uma mulher são aumentadas ?

Sim/Não

Em caso afirmativo, que nutrientes são aumentados?

a ....

b ....

c ....

6. Como é que sabe isso?

a. Revistas

b. TV e rádio

c. Jornal

d. Livros

7. Sabes o que são hidratos de carbono?

Sim/Não

Se sim, o que é que sabe?...

8. Sabes que os hidratos de carbono são um nutriente energético?

Sim/Não

9. Conheces as fontes de hidratos de carbono?

Sim/Não

Se sim, o que é que sabe?..

10. Sabe qual é a DDR de hidratos de carbono durante a gravidez?

Sim/Não

Se sim, o que é que sabe?..

11. Sabe o que é a proteína? ?

Sim/Não

Se sim, o que é que sabe?..

12. Sabes que as proteínas são importantes para a construção do corpo?

Sim/Não

13. Conheces as fontes de proteínas?

Sim/Não

Se sim, o que é que sabe?..

14. Sabes que a doença ocorre devido à falta de proteínas?

Sim/Não

Em caso afirmativo, mencionar aqui...

15. Sabe qual é a DDR de proteínas durante a gravidez?

Sim/Não

Se sim, o que é que sabe?..

16. Sabe o que é a gordura? ?

Sim/Não

Se sim, o que é que sabe?..

17. Conheces a função e as fontes de gordura?

Sim/Não

Se sim, o que é que sabe?...

18. Conhece a doença de deficiência de gordura?

Sim/Não

Se sim, o que é que sabe?...

19. Sabe qual é a DDR de gorduras durante a gravidez?

Sim/Não

Se sim, o que é que sabe?...

20. Conheces as vitaminas?

Sim/Não

Se sim, o que é que sabe?...

21. Conheces as funções das vitaminas?

Sim/Não

Se sim, o que é que sabe?...

22. Qual é a função da vitamina A ?

Sim/Não

Se sim, o que é que sabe?..

23. Conheces as fontes de vitamina A?

Sim/Não

Se sim, o que é que sabe?..

24. Conheces as vitaminas do complexo B? Sim/Não

Se sim, o que é que sabe?..

25. Conheces as funções das vitaminas do complexo B? Sim/Não

Se sim, o que é que sabe?..

26. Sabes qual é a fonte mais rica de vitamina C ?

Sim/Não

Em caso afirmativo, indicar aqui ....

27. Conheces a doença de deficiência de vitamina C ?

Sim/Não

Se sim, mencionar aqui ....

28. Sabes que a vitamina D é formada na presença da luz solar? Sim/Não

29. Sabes que a vitamina D é importante para os ossos? Sim/Não

30. Conhece a doença causada pela exposição reduzida à luz solar? Sim/Não

Em caso afirmativo, indicar aqui ....

31. Conhece a DDR de vitamina D durante a gravidez? Sim/Não Se sim, o que é que sabe?

....

32. Conheces a vitamina E e K? Sim/Não

33. Conheces a função da vitamina E? Sim/Não

34. Sabes que a vitamina K é importante para a coagulação do sangue? Sim/Não

35. Conheces os minerais? Sim/Não 1

2....................................

3....................................

36. Conhece o cálcio? Sim/Não

37. Sabes que o cálcio é importante para os ossos? Sim/Não

38. Sabes que o leite e os produtos lácteos são uma fonte importante de cálcio? Sim/Não

39. Sabes que, devido a uma ingestão inadequada de cálcio, qual é a doença que ocorre por deficiência?

Sim/Não Se sim, o que é que sabe?..

40. Sabe qual é a DDR de cálcio durante a gravidez? Sim/Não

Se sim, o que é que sabe?...

41. Sabe o que é o ferro? ?

Sim/Não

42. Conheces a doença da deficiência de ferro?

Sim/Não

Em caso afirmativo, mencionar aqui...

43. Sabias que os vegetais de folha verde são uma boa fonte de ferro?

Sim/Não

44. Sabe qual é a DDR de ferro durante a gravidez?

Sim/Não

Se sim, o que é que sabe?...

45. Sabes qual é o nível normal de hemoglobina no sangue?

Sim/Não

Se sim, o que é que sabe?

a. Inferior a 10 g/dl

b. 12-15,5 g/dl

c. Superior a 15,5 g/dl

d. Não sei

46. Sabes o que é o iodo?

Sim/Não

47. Conheces a doença de deficiência de iodo?

Sim/Não

Se sim, mencionar aqui ....

48. Sabias que o sal iodado e os alimentos marinhos (como o peixe, etc.) são boas fontes de iodo? ?

Sim/Não

49. Conheces as fibras alimentares?

Sim/Não

Se sim, o que é que sabe?..

50. Conheces as fontes alimentares de fibras alimentares?

Sim/Não

Em caso afirmativo, aqui indicado, 1

2.................................

3.................................

51. Sabias que as fibras são importantes para :-

- Melhorar os movimentos intestinais
- Prevenir a obstipação
- Reduzir o colesterol
- Todas as opções anteriores
- Nenhum deles
- Não sei

52. Sabias que a água é importante para o nosso corpo?

Sim/Não

Se sim, o que é que sabe?...

53. Sabes quantos copos de água são necessários?

Sim/Não

Em caso afirmativo, mencionar aqui...

54. Sabes qual é a importância do exercício físico?

Sim/Não

- Perda de tempo
- Símbolo de estatuto
- Importante para um corpo saudável
- Todas as opções anteriores
- Nenhum deles
- Não sei

55. Conhece o(s) efeito(s) de qualquer tipo de dependência na saúde do indivíduo?

Sim/Não

Se sim, o que é que sabe?..

56. Tem conhecimento das complicações que ocorrem durante

Gravidez? Sim/Não

Se sim, o que é que sabe? a...............

b..

c..

d..

e..

VI. Estilo de vida

1. Acorda atempadamente de manhã? Sim/Não/Às vezes
2. Faz exercício de manhã? Sim/Não
3. Quanto tempo dedica ao exercício físico?

4. Toma o seu chá/café da manhã? Sim/Não

5. Toma o seu pequeno-almoço atempadamente? Sim/Não
6. Está a realizar actividades domésticas ?

Sim/Não

7. Que atividade doméstica realizou?

- Limpar o pó
- Lavagem de roupa

- Utensílios de limpeza

- Cozinhar alimentos

- Todas as opções anteriores

- Nenhum

8. Tem algum empregado a tempo inteiro, a tempo parcial ou não tem empregado?

9. Dispõe de aparelhos eléctricos para o trabalho doméstico? Sim/Não

10. Almoça atempadamente? Sim/Não

11. Dorme ou faz outro trabalho ao meio-dia? Sim/Não

Em caso afirmativo, exercer outra atividade (especificar)..........................

12. Toma o chá da tarde apenas ou juntamente com as refeições ligeiras? Sim/Não

13. Toma o seu jantar atempadamente? Sim/Não

14. Quanto tempo gasta a tomar as suas refeições?

- 5-10 minutos

- 15-20 minutos

- 25-30 minutos

- 1 hora ou mais

15. DoyouwatchTV ?

Sim/Não

16. Quanto tempo passa a ver televisão?

- 1 hora

- 2 horas

- 3 horas ou mais

17. Fazes as tuas refeições enquanto vês televisão ?

Sim/Não

18. Toma alguma coisa antes de ir para a cama ?

Sim/Não

Em caso afirmativo, especificar..

19. Doyousleeptimely?

Sim/Não

20. Estás viciado ?

Sim/Não

- Chá

- Café
- Fumar
- Álcool
- Tabaco

VII. Medição antropométrica

Peso (kg)	Altura (m)	IMC

VIII. Avaliação clínica

1. Aspeto geral
    - Saudável
    - Mal-estar
    - Doente
    - Outros....................................

2. Cabelo
    - Normal
    - Falta de brilho
    - Capacidade de depenar facilmente
    - Fino e escasso
    - Outros....................................
3. Rosto
    - Normal
    - Face da lua
    - Pálido
    - Dissebácea naso-labial
    - Outros....................................
4. Olhos
    - Normal
    - Comichão
    - O local do Bitot
    - Outros....................................
5. Lábios
    - Normal
    - Inchado
    - Fendas nos cantos
    - Outros....................................
6. Língua
    - Normal
    - Edema da língua
    - Língua escarlate e crua
    - Outros...................................
7. Dentes

- Normal
- Esmalte com manchas
- Cáries
- Outros..................................

8. Gomas
   - Normal
   - Esponjoso
   - Sangramento das gengivas
   - Outros..................................

9. Pele
   - Saudável
   - Secura
   - Enrugado
   - Outros..................................

10. unhas
    - Normal
    - Em forma de colher
    - Fragilidade
    - Outros..................................

IX. Recordatório alimentar de 24 horas

Tempo	Menu	Ingrediente	Montante	Caloria (Kcal/dia)	Proteína g(/d ay)	Gordura g(/d ay)

ANEXO-II

Estado do peso de acordo com o intervalo do IMC

Estado do peso	Faixa de IMC
Baixo peso	<18.5
Normal	18.5-24.9
Pré-obeso	25-24.9
Obesidade (Grau I)	30-34.9
Obesidade (Grau II)	35-39.9
Obesidade (Grau III)	40 e mais

**Fonte*: OMS (1996)

ANEXO-III

Cartão de pontuação

Nome do produto:-...........
Data:-..............................

Sabor & Aroma	Corpo e textura	Cor e Aparência	Em geral Aceitabilidade

Escala hedónica de 9 pontos:-

1. como extremamente

2.gostar muito

3. gosto moderado

4.gosto ligeiramente

5. nem gosto nem não gosto

6. não gosto ligeiramente

7. não gosto moderadamente

8. não gosto muito

9. não gosto muito

Nome do juiz:- ....

Assinatura:-.............................

ANEXO-IV

Diferentes ingredientes e respectivas quantidades

Ingredientes	Parte média	Peso (gm)
Cereais e cereais alimentos		
Arroz	1 chávena	50
Esparguete (cozido)	1 chávena	146
Pão de trigo	1 fatia	30
Chapatti de trigo	1 fina	15
Paratha de trigo	1	60
Impulsos		
Grama de Bengala	1 chávena de dal fino	200
(cozinhado)	1 chávena de dal fino	200
Grama preta	1 chávena de dal fino	200
Grama verde	1 chávena de dal fino	200
Lentilha	1 chávena de dal fino	200
Grama vermelha	1 chávena de dal fino	200
Ervilhas, secas		
Legumes	1/2 chávena	85
Couve (cozida)	1 grande	100
Cenoura, crua	1/2 chávena	60
Couve-flor, cozida	1/2 médio	50
Pepino, cru	1/4 de chávena	55
Amaranto	1/4 de chávena	60
Folhas de feno-grego	8 ou 9 vagens	15
Dedo de moça	1 média	100
Cebola crua	1/2 chávena	80
Ervilha, verde, cozida	1 meio	100
Batata cozida	1/2 chávena	100
Abóbora cozida	1 grande	100
Rabanete, branco		
Ovos, carne e		
aves de capoeira	1 dose	100
Frango cozido	1 dose	100
Frango assado	1	48
Ovo cozido médio	1	62
Ovo, omeleta média	1 fatia	30
	1 dose	100
Carne de carneiro, apenas magra		
Carne de carneiro, perna com gordura		
Gorduras e óleos	1 colher de chá	5
Manteiga	1 colher de chá	5

Ghee (manteiga clarificada)	1 colher de chá	14
Óleo de amendoim		
	1 colher de chá	5
Açúcar		
Açúcar de cana	22-24	100
Frutos	1 meio	100
Uvas	1 meio	150
Goiaba	1 chávena	200
Laranja	1 meio	150
Sumo de laranja Maçã	1 meio	150
Banana		
Leite e leite	1 chávena	200
produtos	1 chávena	200
Leite de búfala	1 peça	28
Leite de vaca Queijo		
	12-15	15
Nozes	6-8	15
Amêndoas	1 colher de sopa	15
Castanha de caju	1 peça	15
Amendoins torrados		
Coco fresco		

Fonte:- Anita (1986), clinical dietetics and nutrition, 396-404

8. RESUMO

RESUMO

Título: - *"Desnutrição materna e necessidades nutricionais com receitas fortificadas"*

Uma nutrição adequada durante a gravidez é considerada importante para o bem-estar da mãe e do feto. O presente estudo teve como objetivo avaliar a consciência e o estado nutricional de 100 mulheres grávidas. A maioria das mulheres do estudo não tinha conhecimento dos aspectos nutricionais. Foi utilizado o método de recordatório alimentar de 24 horas para examinar o consumo de energia e de nutrientes. A maioria das mães grávidas estava a consumir quantidades de nutrientes inferiores às recomendadas.

A gravidez é um processo extraordinário. A nutrição durante a gravidez deve ser bem mantida, devendo ser dada a devida ênfase a uma dieta equilibrada, ao valor nutritivo dos alimentos e aos oligoelementos. A falta de uma dieta equilibrada e uma nutrição inadequada durante a gravidez têm implicações graves não só para a saúde da mãe, mas também para o crescimento intrauterino do feto.

As necessidades nutricionais aumentam durante a gravidez, especialmente no segundo e terceiro trimestres de gravidez. Uma quantidade suficiente de nutrientes e um regime alimentar equilibrado contribuem para a saúde materna. O aconselhamento nutricional às mães no início da gravidez pode ajudar a melhorar a ingestão alimentar durante a gravidez, resultando num melhor parto.

MIX
Papier aus verantwortungsvollen Quellen
Paper from responsible sources
FSC® C105338

Printed by Books on Demand GmbH, Norderstedt / Germany